Der 15 Minuten Mathematiker

tosa

Bildnachweis:
Anne Rooney: 23, 36, 40, 41, 52, 53, 64, 78, 88, 96, 99, 110, 127, 132, 140, 141, 151, 153, 155, 156, 161, 168, 171, 172, 175, 182, 186, 191. Corbis: 65, 98. 123RF: 11 (tomaccojc), 13 (Yurii Andreichyn), 14 (fixer00), 15 (Igor Serazetdinov), 19 (okeen), 28 (Khoon Lay Gan), 30 (Brett Giza), 31 (vermicule), 35 (Sarawut Padungkwan), 48 (Lyudmila Korkina), 51 (robodread), 54 (blueringmedia), 61 (Cezar Zamfira), 65 (Serhii Kucher), 67 (Adrienn Orbánhegyi), 69 (Daryl Knight), 71 (Artisticco LLC), 107 (bicubic), 112 (blueringmedia), 116 (robodread), 117 (designua), 119 (Lorelyn Medina), 125 (Teguh Mujiono), 130 (Patrick Guenette), 136 (Luca Oleastri), 138 (makingfaces), 140 dedmazay), 144 (Husni Bramantyo), 158 (amin11mario), 162 (deepfuze), 163 (ginasanders), 178 (Scott Betts), 181 (neyro2008). shutterstock: Cover (ElenaMedvedeva, NowikSyliwia, rso), 5 (Sashkin), 9 (Yummyphotos), 9 (sumkinn), 11 (MSSA), 12 (rivansyam), 17 (Shaiith), 18 (Pim), 18 (Big think), 18 (HappyPictures), 21 (Anthonycz), 23 (elwynn), 24 (lumen-digital), 24 (ngaga), 25 (Incredible_movements), 26 (Dundanim), 29 (littlesam), 30 (creativex), 31 (Victeah), 32 (Kozoriz Yuriy), 34 (Marzolino), 44 (pavila), 46 (Everett Historical), 49 (Tatiana_Kost), 49 (Asmus Koefoed), 53 (GoneWithTheWind), 54 (bikeriderlondon), 57 (megainarmy), 58 (iQoncept), 63 (Vadim Sadovski), 65 (Robin HÃ¶nig), 70 (Digital Storm), 73 (Zsschreiner), 74 (marekuliasz), 75 (Paul Wishart), 77 (polygraphus), 81 (David Varga), 91 (Curly Pat), 98 (KsanasK), 98 (Actor), 98 (Toponium), 100 (cynoclub), 108 (daniaphoto), 108 (LittleStocker), 109 (freesoulproduction), 114 (Yulia Glam), 118 (TonTonic), 120 (James Clarke), 124 (Apatsara), 131 (Anatolii Vasilev), 135 (Igor Zh.), 137 (VOOK), 138 (Ray49), 142 (m00osfoto), 144 (Nata789), 146 (Frank Fiedler), 148 (James Steidl), 149 (Everett Historical), 157 (Andrey Makurin), 160 (VILevi), 165 (mamita), 165 (Krizek Vaclav), 168 (StudioSmart), 170 (Kuda), 171 (Ajayptp), 172 (Andrey Stratilatov), 176 (Dragana Gerasimoski), 177 (Rost9), 179 (Forden), 183 (sbko), 184 (iryna1), 192 (alfaori). Diagrams by David Woodroffe and Ray Rich: 7, 8, 20, 33, 34, 37, 45, 46, 50, 63, 64, 78, 80, 82, 84, 85, 86, 87, 89, 90, 92, 93, 94, 95, 97, 98, 99, 101, 102, 105, 106, 113, 129, 133, 166, 168, 169, 170, 171, 185, 186, 187, 188, 190. Additional diagrams and tables by Michael Reynolds: 20, 25, 32, 33, 34, 35, 47, 55, 59, 60, 101, 103, 111, 122, 128, 148, 149, 150, 159, 173, 180.

Erstveröffentlichung unter dem Titel:
„The 15-Minute Mathematician"

Genehmigte Lizenzausgabe
tosa GmbH
Industriestraße 19
64407 Fränkisch-Crumbach 2019
www.tosa-verlag.de

ISBN 978-3-86313-525-6

Übersetzung, Satz und Umschlaggestaltung:
designcat GmbH

Inhalt

Was ist Mathematik eigentlich?

Mathematik ist allgegenwärtig. Sie ist die Sprache aus Zahlen, Mustern, Prozessen und den Regeln, die das Universum bestimmen. Dank ihr können wir unsere Umwelt mit all ihren Phänomenen verstehen. In der frühen Menschheitsgeschichte diente Mathematik zunächst zur Erforschung des Sonnensystems, zum Bau von Gebäuden, zum Zählen von Herden und zur Entwicklung des Handels. Ihre erste Blüte erlebte sie im alten China, in Mesopotamien, dem alten Ägypten, in Griechenland und Indien, als die Menschen das Wunder hinter den Zahlen entdeckten.

Mathematik ist auf der gesamten Welt vertreten und eine international verständliche Sprache. Heute liegt diese jeglichen Lebensbereichen zugrunde. Gewerbe und Handel sind auf Zahlen aufgebaut. Auch Computer, die in nahezu alle Gesellschaftsbelange integriert sind, funktionieren durch Zahlen. Ein Großteil der Informationen, die uns tagtäglich erreichen, hat einen mathematischen Ursprung. Ohne ein gewisses Grundwissen über Zahlen und Mathematik ist es unmöglich, die Uhr zu lesen, einen Terminplan zu schreiben oder gar einem Rezept zu folgen. Aber das ist nicht alles. Wenn Sie der Mathematik nicht mächtig sind, ist es ein Leichtes, Sie zu betrügen oder in die Irre zu führen – oder Sie kommen schlicht und einfach zu kurz. Mathematik kann sowohl ehrenwerten als auch schändlichen Zwecken dienen. Zahlen können erleuchten, erklären und verdeutlichen – aber sie können genauso lügen, verschleiern und verwirren. Deshalb ist es gut zu wissen, wie sie funktionieren.

Eine träge Methode

Computer haben die Mathematik wesentlich vereinfacht, da sie es ermöglichen, Berechnungen durchzuführen, die ohne sie nicht zu lösen waren. Mehr dazu an späterer Stelle in diesem Buch. Pi (Symbol π, das die mathematische Beziehung zwischen Umfang und Radius eines Kreises definiert) kann von

Computern beispielsweise auf Millionen Nachkommastellen berechnet werden. Primzahlen (nur durch sich selbst und eins teilbar) sind nun millionenfach aufgelistet – auch hier dank der Computer. Aber manchmal können Computer die Mathematik auch deutlich unlogischer machen.

Nun, da es möglich ist, Millionen von Beispielen auszutesten und riesige Datenmengen zu verarbeiten, können wesentlich mehr zuverlässige Erfahrungswerte aus empirischen Daten (Daten, die direkt betrachtet werden) gewonnen werden als je zuvor.

Das bedeutet, dass mehr Rückschlüsse – durch bloßes Beobachten – gezogen werden können. Beispielsweise könnte man eine große Menge an Daten über das Wetter sammeln und mit Hinblick auf die Vergangenheit eine Wettervorhersage machen.

Wir bräuchten hierfür keinerlei Ahnung von Meteorologie. Man bezieht sich lediglich auf vergangene Beobachtungen mit der Annahme, dass es zu einem bestimmten Grad wahrscheinlich ist, dass in der Zukunft das Gleiche passieren wird. Das könnte funktionieren, hat aber wenig mit echter Wissenschaft oder Mathematik zu tun.

Abstrakte und angewandte Mathematik

Das meiste in diesem Buch fällt in die Kategorie „Angewandte Mathematik“ – sie wird zu Rate gezogen, wenn es darum geht, reelle Aufgaben zu lösen, wie das Berechnen von Kreditzinsen, das Lesen der Uhr oder das Abmessen eines Fadens. Es gibt noch eine andere Kategorie, welche viele professionelle Mathematiker in Anspruch nehmen: abstrakte Mathematik. Hier geht es nicht um einen reellen Bezug, sondern darum, die Mathematik als solches zu verstehen.

Erst denken oder erst beobachten?

Es gibt zwei fundamentale Wege, mit Daten und Wissen, und somit mit Mathematik, umzugehen. Zum einen logisches Denken, zum anderen Beobachten.

Erst denken: Die Deduktion ist ein logischer Denkprozess, bei dem bestimmte allgemeine Prämissen genutzt werden, um Rückschlüsse auf individuelle Fälle ziehen zu können. Ein Beispiel wäre die Aussage, dass alle Kinder Eltern haben oder hatten und sich davon die Konsequenz ableitet, dass Sophie, da sie ein Kind ist, auch Eltern hat oder gehabt haben muss. Solange die ursprünglichen Aussagen bewiesen sind und Sinn ergeben, ist auch der Rückschluss zutreffend.

Erst beobachten: Bei der Induktion werden spezifische Fälle verallgemeinert. Würde man sich viele Schwäne ansehen und sie wären alle weiß, würde man im Falle der Induktion daraus schließen, dass alle Schwäne weiß sein müssen.

Diese Schlussfolgerung ist allerdings nicht haltbar. Sie zeigt lediglich, dass man bisher keinen andersfarbigen Schwan gesehen hat.

Richtig oder falsch liegen

Mathematiker haben nicht immer recht, egal ob sie die Induktions- oder die Deduktionsmethode nutzen. Im Großen und Ganzen ist die Deduktion jedoch zuverlässiger. Sie ist in der abstrakten Mathematik verankert und das schon seit deren Ursprung durch den griechischen Mathematiker Euklid (siehe Seite 44).

Wie es schiefgehen kann

Unsere Vorfahren dachten, die Sonne würde die Erde umkreisen anstatt umgekehrt. Aber wie würde die Bewegung der Sonne erscheinen, wenn sie tatsächlich um die Erde wanderte? Die Antwort ist: Genau so, wie sie erscheint. Das Modell des Sonnensystems, konstruiert vom griechischen Astronomen Claudius Ptolemäus (ca. 100–160), zeigt die scheinbaren Bewegungen der Sonne, des Mondes und der Planeten am Himmel. Ihm liegt die induktive Methode zugrunde: Ptolemäus beobachtete die empirische Aussage und erschuf ein passendes Modell.

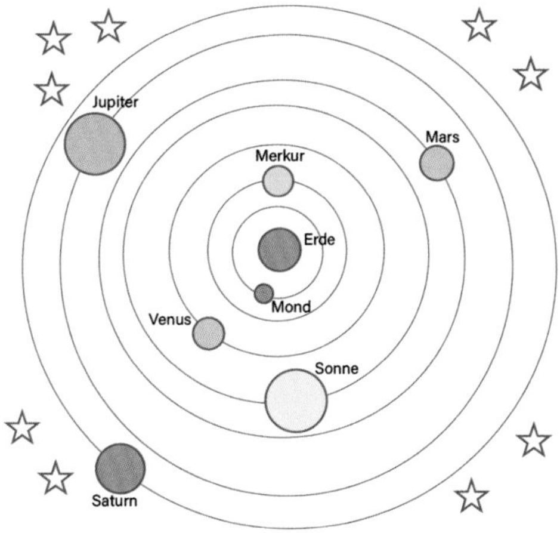

Als es möglich war, genauere Messungen der Planetenbewegung durchzuführen, haben die Astronomen des Mittelalters und der Renaissance komplexere Verfeinerungen des Sonnensystems von Ptolemäus vorgenommen, um es an ihre Beobachtungen anzupassen. Das gesamte System wurde zu einem schrecklichen Wirrwarr, nachdem immer mehr hinzugefügt wurde, um jede neue Beobachtung zu erläutern.

Es richtig stellen

Erst als der polnische Astronom Nikolaus Kopernikus 1543 die Sonne anstatt die Erde zum Zentrum des Universums erklärte, führte dies dazu, dass die Berechnungen endlich aufgingen. Jedoch waren auch seine Ergebnisse nicht absolut genau. Der englische Wissenschaftler Isaac Newton (1642–1726) verfeinerte Kopernikus' Theorie, um eine mathematische Erklärung der Planetenbewegung wiederzugeben, die ohne viel Aufwand funktionierte.

Seine Gesetze der Planetenbewegung wurden durch die Beobachtung von Planeten bewiesen, die zu Lebzeiten von Kopernikus noch nicht entdeckt waren. Aber das Modell ist dennoch nicht perfekt. Mit dem aktuellen Modell können wir immer noch nicht die Bewegung äußerer Planeten einbeziehen. Es gibt noch mehr zu entdecken, sowohl im All als auch in der Mathematik.

Wo ist der Planet? Da ist der Planet!

1845/46 haben die beiden Mathematiker Urbain Le Verrier und John Couch Adams unabhängig voneinander die Existenz und Position des Planeten Neptun vorausgesagt. Sie nutzten die Mathematik, nachdem sie Unruhen (Störungen) in der Umlaufbahn des benachbarten Planeten Uranus wahrgenommen hatten. 1846 wurde Neptun schließlich entdeckt und identifiziert.

Zenos Paradoxien

Die Diskrepanz zwischen der Welt, in der wir leben, und der Welt der Mathematik und Logik ist schon lange anerkannt. Der griechische Philosoph Zenon von Elea (490–430 v. Chr.) nutzte die Logik, um die Unmöglichkeit der Bewegung zu demonstrieren. Sein Pfeil-Paradoxon besagt, dass sich ein Pfeil in jedem Moment seiner Flugbahn in einer fixen Position befindet. Man könnte Millionen von Schnappschüssen aus verschiedenen Winkeln machen, der Pfeil wäre absolut bewegungslos. Wann bewegt er sich also?

Ein anderes Beispiel ist das Paradoxon von Achilles und der Schildkröte. Würde der schnelle Läufer und griechische Held Achilles einer Schildkröte während eines Wettrennens einen Vorsprung gewähren, könnte er sie niemals einholen, so die Annahme. In der Zeit, die Achilles bräuchte, um den Vorsprung einzuholen, hätte die Schildkröte erneut einen Vorsprung gewonnen. Der Vorsprung der Schildkröte würde zwar immer kleiner, bliebe aber bestehen und Achilles könnte sie nicht überholen. Dieses Paradoxon bezieht sich auf die Kontinuität der Zeit und Distanz als Linie von winzig kleinen Momenten und Positionen. Von der logischen Seite betrachtet, hat dieser Trugschluss nichts mit der Realität zu tun.

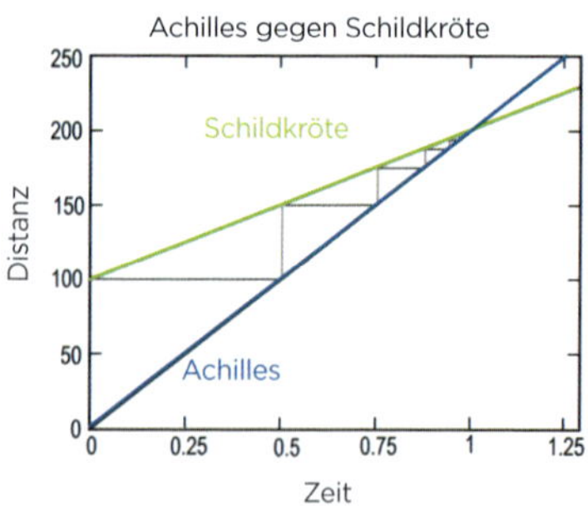

Kapitel 1

So etwas kann man nicht erfinden – oder doch?

Ist Mathematik da draußen und wartet einfach darauf, entdeckt zu werden? Oder haben wir sie zu dem gemacht, was sie ist?

Ob die Mathematik entdeckt oder erfunden wurde, wird schon seit dem 5. Jahrhundert v. Chr. debattiert, der Zeit des griechischen Philosophen Pythagoras.

„Mathematik ist das Alphabet, mit dessen Hilfe Gott das Universum beschrieben hat."
Galileo Galilei (1564–1642)

Zwei Sichtweisen

Die erste Sichtweise besagt, dass alle Gesetze der Mathematik, alle beschriebenen Gleichungen und vorausberechneten Phänomene unabhängig vom menschlichen Intellekt existieren. Das bedeutet, ein Dreieck ist eine unabhängige Einheit und seine Winkel summieren sich zu 180 Grad. Mathematik würde auch existieren, wenn es die Menschheit nie gegeben hätte, und wird auch weiterhin bestehen, wenn wir schon lange nicht mehr hier sind. Der italienische Mathematiker, Physiker und Astronom Galilei teilt diese Ansicht, dass Mathematik „wahrhaftig“ ist.

Es ist da, wir können es nur nicht sehen

Der griechische Philosoph und Mathematiker Platon entwickelte im 4. Jahrhundert v. Chr. die Idee, dass all das, was wir über unsere Sinne wahrnehmen, fehlerhafte Kopien theoretischer Ideale seien. Das bedeutet, jeder Hund, jeder Baum, jeder Akt der Nächstenliebe ist eine schäbige oder eingeschränkte Version des Ideals eines Hundes, eines Baums oder eines Akts der Nächstenliebe.

Wir Menschen können die Ideale - oder Formen, wie Platon sie nennt - nicht sehen, sondern lediglich deren Abbilder, die uns in der „Wirklichkeit“ begegnen. Die Welt, in der wir leben, unterliegt einem stetigen Wandel und ist mangelhaft, während das Reich der Formen perfekt und beständig ist. Obwohl wir die Welt der Formen nicht sehen können, haben wir die Möglichkeit, ihr durch Rationalität näher zu kommen. Platon setzt die Realität, wie wir sie sehen, mit Schatten von Gestalten, die vor einem Feuer laufen, gleich.

Befindet man sich in der Höhle und blickt zur Wand (in Platons Szenario ohne die Möglichkeit sich umzudrehen), sind die Schatten alles, was man kennt, und so werden sie zur Realität. Die Realität wird jedoch durch die Gestalten vor dem Feuer repräsentiert, während deren Schatten lediglich ein schwacher Ersatz sind.

Platon betrachtet die Mathematik als Teil der ewigen Wahrheit. Mathematische Gesetze sind „da draußen“ und können durch rationales Denken entdeckt werden. Sie regulieren das Universum und liegen unserem Verständnis vom Universum zugrunde.

„Die ganzen Zahlen hat der liebe Gott gemacht, alles andere ist Menschenwerk.“

Leopold Kronecker (1823–1891)

Was, wenn es unser Verdienst ist?

Die andere Sichtweise besagt, dass Mathematik der Ausdruck unseres eigenen Bestrebens ist, die Welt um uns herum zu verstehen. Aus diesem Blickwinkel betrachtet, ist der Grundsatz, dass die Winkel eines Dreiecks 180 Grad ergeben, nichts anderes als der Grundsatz, dass schwarze Schuhe schicker empfunden werden als violette.

Es ist deshalb ein Grundsatz, weil wir das Dreieck und den Grad (und somit die Vorstellung des Grades) definiert und auf 180 Grad festgelegt haben. Man kann auf jeden Fall sagen: Ist die Mathematik festgelegt, ist das Fehlerpotenzial geringer. So wie man nicht sagen kann, dass „Baum“ das falsche Wort für einen Baum ist, kann man auch nicht sagen, dass definierte Mathematik falsch ist – obwohl schlechte Mathematik nicht zielführend sein dürfte.

Alien-Mathematik

Sind wir die einzige intelligente Lebensform im Universum? Nehmen wir mal für einen Moment an, es wäre nicht so (siehe Kapitel 18).

Wenn Mathematik eine Entdeckung ist, könnten Aliens mit mathematischer Veranlagung die gleiche Mathematik wie wir nutzen, was die Kommunikation mit ihnen möglich machen würde. Sie würden sie wohl anders ausführen – indem sie z. B. eine andere Nummernbasis nutzt (siehe Kapitel 4) –, aber deren mathematisches System würde dennoch den gleichen Regeln folgen.

> *„Wie ist es möglich, dass die Mathematik, letztlich doch ein Produkt menschlichen Denkens, unabhängig von der Erfahrung, den wirklichen Gegebenheiten so wunderbar entspricht?“*
>
> Albert Einstein (1879–1955)

Wenn wir die Mathematik definieren, gibt es keinen Grund, weshalb irgendwelche Aliens zu genau den gleichen Berechnungen kommen sollten. In der Tat wäre es eine Überraschung, wäre es doch so – wahrscheinlich ebenso überraschend, als sprächen sie Chinesisch, Akkadisch oder mit Killer-Walen. Betrachten wir Mathematik als Code, der uns dabei hilft, unsere Realität zu beschreiben und zu verstehen, gibt es Parallelen zur Sprache.

Da ist nichts, was das Wort „Baum“ zu einem Signifikant des Baumes als Objekt macht. Aliens hätten ein anderes Wort für „Baum“, wenn sie ihn sehen würden. Wenn die elliptische Umlaufbahn eines Planeten oder die Mathematik der Raketenwissenschaft wahrhaftig ist, würde eine außerirdische Lebensform diese Phänomene mit anderen Begriffen beschreiben.

Wie großartig!

Vielleicht ist es großartig, dass Mathematik sich so gut in unsere Umwelt einfügt – oder vielleicht ist es unvermeidlich. Das „Es ist großartig“-Argument geht nicht mit allen Ansichten konform. Wenn wir Mathematik erfunden hätten, hätten wir sie so kreiert, dass sie die Welt um uns herum angemessen beschreibt. Hätten wir Mathematik hingegen entdeckt, wäre sie offensichtlich angepasst an unsere Umwelt und damit auf eine Weise „richtig“, die unser Denkvermögen übersteigt. Mathematik ist derart faszinierend an die Realität angelehnt, dass es ganz egal ist, ob sie wahrhaftig ist oder dafür konzipiert wurde.

Achtung – es ist hinter dir!

Eine andere Möglichkeit ist, dass Mathematik erstaunlich gut zu sein scheint, wenn es darum geht, die Wirklichkeit abzubilden, weil wir uns nur auf das konzentrieren, was funktioniert. Das ist fast so, als würde man Zufälle als Beweise für etwas Übernatürliches betrachten. Klar ist es erstaunlich, dass man Urlaub in einem unbekannten indonesischen Dorf macht und ausgerechnet dort einen Freund trifft – allerdings nur deshalb, weil man nicht an die unzähligen Male denkt, an denen man niemanden getroffen hat. Wir bemerken nur das Außergewöhnliche, Unauffälliges lassen wir außer Acht. Deshalb kommt auch niemand auf die Idee, Mathematik zu bemängeln, weil sie die Struktur von Träumen nicht darstellen kann. Aus diesem Grund ist es sinnvoll, eine Liste mit Bereichen zusammenzustellen, in denen Mathematik versagt, wenn wir ihren Erfolgsgrad messen wollen.

> ***„Woher wissen wir, wenn wir eine Theorie aufstellen, die ihre Aufmerksamkeit auf vernachlässigte Phänomene richtet, von denen einige nun unsere Aufmerksamkeit erregen, dass wir keine andere Theorie aufbauen können, die Gemeinsamkeiten mit der Urspungstheorie aufweist, jedoch genauso viele Phänomene erklärt wie die gegenwärtige Theorie?“***
>
> Reinhard Werner

Die unangemessene Wirkung der Mathematik

Wenn wir die Mathematik erdacht haben, wie können wir dann die Tatsache erklären, dass einige Berechnungen ohne einen Bezug zur Wirklichkeit entwickelt wurden, sich allerdings oft Jahrzehnte oder Jahrhunderte nach ihrer Formulierung in realen Phänomenen wiederfinden? Wie der ungarisch-amerikanische Mathematiker Eugene Wigner 1960 feststellte, gibt es viele Beispiele von mathematischen Berechnungen, die für einen bestimmten Zweck entwickelt wurden - oder für gar keinen Zweck - und später die exakte Beschreibung von Naturereignissen waren.

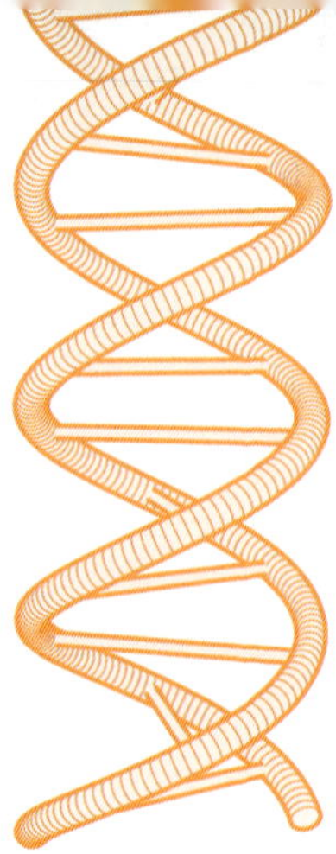

Ein Beispiel hierfür ist die Knoten-Theorie. Sie beinhaltet die Beobachtung komplexer Knotenformen, deren Enden verbunden sind. Diese wurde in den 1770er-Jahren aufgestellt und wird noch heute genutzt, um zu erklären, wie DNS-Stränge (das Erbmaterial) aufbrechen, um sich zu verdoppeln.

Es gibt immer noch Gegenstimmen. Wir sehen nur das, worauf wir achten. Wir wählen die Dinge aus, die wir beschreiben, und solche, die sich mit unseren Mitteln nicht beschreiben lassen. Wahrscheinlich hat uns die Evolution in der Weise geprägt, dass wir nicht dagegen ankommen, mathematisch zu denken.

Ist es wichtig?

Überprüft man seine Haushaltskonten oder die Restaurantrechnung, ist es eigentlich egal, ob Mathematik entdeckt oder erfunden wurde. Wir arbeiten innerhalb eines logischen Systems - und es funktioniert.

Also können wir in Ruhe weiterrechnen. Für wahre Mathematiker hat die Frage eher einen philosophischen als einen praktischen Wert: Arbeiten sie mit den größten Mysterien, die das Universum und alles, was es zusammenhält, definieren?

> ***„Das Wunder, dass sich die mathematische Sprache zur Formulierung physikalischer Gesetze eignet, ist ein herrliches Geschenk, das wir weder verstehen noch verdienen."***
>
> Eugene Wigner

Oder spielen sie ein Spiel mit einer Art Sprache, mit der sie versuchen, die elegantesten und eloquentesten Gedichte zu verfassen, die das Universum beschreiben?

Kommen Menschen an die Grenzen ihres Wissens und ihrer technischen Leistungen, ist die „Wirklichkeit“ der Mathematik am relevantesten. Wenn die Mathematik erfunden ist, könnten wir an die Grenzen unseres Systems stoßen, unfähig sie zu durchstoßen, um gewisse Fragen zu beantworten. Wir werden wohl nie in der Lage sein, in der Zeit zu reisen, auf die andere Seite des Universums zu flitzen oder künstliches Bewusstsein zu kreieren, einfach weil unsere Mathematik diesen Aufgaben nicht gewachsen ist. Wir werden unmögliche Dinge in Betracht ziehen, die mit einem anderen mathematischen System womöglich ganz einfach sein könnten.

Ist Mathematik hingegen entdeckt, können wir sie potenziell komplett enthüllen und die Grenzen des Möglichen und dessen, was physikalische Gesetze erlauben, sprengen. Es wäre schön, wenn Mathematik eine Entdeckung wäre. Aber wir können uns nicht sicher sein.

Eine fürchterliche Möglichkeit

Eine Möglichkeit, die normalerweise nicht berücksichtigt wird, ist, dass Mathematik real ist, aber wir alles falsch verstanden haben, so wie Ptolemäus das Modell des Sonnensystems falsch verstanden hat. Was, wenn die Mathematik, die wir entwickelt haben, das Pendant des ptolemäischen erdzentrierten Universums ist? Es ist schwer, sich vorzustellen, dass das möglich wäre, nachdem wir so viel investiert haben.

Kapitel 2

Warum gibt es überhaupt Zahlen?

Die Auseinandersetzung mit Zahlen begann früh in der Entwicklung der menschlichen Gesellschaft.

Wir sind so an Zahlen gewöhnt, dass wir selten über sie nachdenken. Kinder lernen schon sehr früh zu zählen, denn Zahlen wie auch Farben sind die ersten Abstraktionen, die ihnen begegnen.

Die Bestandsaufnahme

Soweit man weiß, war die erste Berührung, die der Mensch mit Zahlen hatte, die Bestandsaufnahme. Unsere entfernten Vorfahren haben ihre Herden mit markierten Stöcken, Steinen oder Knochen gezählt – eine Kerbe für jedes Tier – oder durch das Bewegen von Kieselsteinen und Muscheln von einem Haufen zu einem anderen.

Die Bestandsaufnahme kommt ohne Worte für die Zahlen aus – es ist nicht das Gleiche wie Zählen. Es ist ein einfaches System der Übereinstimmung, welches ein Objekt oder eine Markierung nutzt, um ein anderes Objekt oder Phänomen zu repräsentieren.

Wenn eine Muschel für jedes Schaf steht und man für jedes vorbeilaufende Schaf eine Muschel in einen Topf fallen lässt, kann man anhand von übrig gebliebenen Muschelschalen erkennen, ob Schafe fehlen. Es ist nicht wichtig, ob es 58 oder 79 Schafe sind – man muss lediglich nach den vermissten Schafen Ausschau halten und für jedes wiedergefundene eine weitere Muschelschale in den Topf werfen, so lange bis keine Muscheln mehr übrig sind.

Wir nutzen Bestandsaufnahmen noch heute, um Spielstände zu messen, um die Tage während eines Schiffbruchs festzuhalten und unter Umständen, wenn eine Zahl am Ende eines Prozesses benötigt wird. Zählen erfolgt nach der Bestandsaufnahme.

Zählen 1, Bestandsaufnahme 0

Die Bestandsaufnahme war mindestens 40 000 Jahre lang ein viel genutztes Mittel in der Steinzeit. Ab irgendeinem Zeitpunkt wurde es jedoch nützlich, Zahlen mit Namen zu gebrauchen.

Wir wissen zwar nicht genau, wann das Zählen begann, aber man kann sagen, dass es mit dem Beginn der Tierhaltung wesentlich sinnvoller war, sagen zu können, „drei Schafe fehlen“ anstatt „einige Schafe fehlen“.

Hat man drei Kinder und möchte für jedes einen Speer, ist es einfacher zu wissen, dass man drei Speere fertigen muss und sich auf die Suche nach drei starken Stöcken begibt, anstatt einen Speer zu machen, festzustellen, dass es noch immer speerlose Kinder gibt, einen weiteren Speer macht usw.

Nachdem Menschen anfingen zu handeln, wurden Zahlen essenziell. Die ersten bekannten aufgeschriebenen Zahlen entstanden im mittleren Osten in der iranischen Region von Zagros etwa 10 000 v. Chr. Tonmarker, die zum Zählen von Schafen eingesetzt wurden, haben überlebt.

Die Markierung für ein einziges Schaf war ein Klumpen aus Lehm mit einem +-Zeichen, welches hineingekratzt wurde. Ein gutes Mittel, wenn man nur ein paar Schafe besitzt, doch bei 100 Markierungen für 100 Schafe wird es unpraktisch.

Also entwickelte man Markierungen mit verschiedenen Symbolen für 10 Schafe und 100 Schafe und konnte nun eine beliebige Anzahl von Schafen zählen, und das mit weit weniger Markierungen - sogar 999 Schafe konnten mit gerade einmal 27 Markierungen repräsentiert werden (9 x 100-Schafe-Markierungen; 9 x 10-Schafe-Markierungen; 9 x Einzelmarkierungen). Die Markierungen wurden entweder an einer Schnur aufgehängt oder oft auch in einen hohlen Lehmball eingebacken. In das Äußere des Balls waren Symbole eingeprägt, die auf die Anzahl der Schafe im Inneren hinwiesen, jedoch konnte man den Ball aufbrechen, falls es zu Unstimmigkeiten bezüglich der Anzahl kam. Die Nummern auf den Lehmbällen sind die ältesten noch erhaltenen geschriebenen Zahlen.

Zahlen definieren

Viele frühe Zahlensysteme, in Anlehnung an die Bestandsaufnahmen, nutzten verschiedene Symbole für Einzel-, Zehner- und Hundertereinheiten. Einige hatten auch Symbole für 5 oder andere direkte Zahlen.

Das römische Zahlensystem, wie man es vom Ziffernblatt einer Uhr kennt, entwickelte sich aus den vertikalen Strichen der Bestandsaufnahme. So wurden die Zahlen von 1 bis 4 durch I, II, III, IIII repräsentiert, während X für 10er-Einheiten und C für 100er-Einheiten stand. Mit Zwischeneinheiten wie V (5), L (50) und D (500) war es möglich, große Zahlen kürzer zu schreiben. Nach einer Weile entstand eine Konvention, die festlegte, dass ein I vor ein V oder X gesetzt wird, um die Subtraktion zu kennzeichnen, also steht IV für 5-1 oder 4. Diese Schreibweise ist kürzer und einfacher zu lesen als IIII. Mit der 10 funktioniert es genauso, IX steht für 9, allerdings kann man nicht IC für 99 schreiben – die korrekte Schreibweise ist XCIX (100 – 10 und 10 – 1).

1	2	3	4	5	6	7	8	9	10
I	II	III	IIII später IV	V	VI	VII	VIII	VIIII später IX	X
11	**19**	**20**	**40**	**50**	**88**	**99**	**100**	**149**	**150**
XI	XIX	XX	XL	L	LXXXVIII	XCIX	C	CXLIX	CL

Ägyptische Bruchzahlen

Das antike ägyptische Schreibsystem bestand aus Hieroglyphen (Bildsymbolen). Wie auch die Römer, nutzten die Ägypter eine Sammlung von Symbolen. Sie hatten ebenfalls Bruchzahlen.

Um eine Bruchzahl darzustellen, zeichneten ägyptische Schreiber die Glyphe für „Mund“ über eine Zahl aus vertikalen Strichen. Allerdings gab es ein Problem. Diese Methode funktionierte nur mit Einheitsbrüchen (1 über einer Zahl), das Wiederholen von Einheitsbrüchen war nicht erlaubt. Das bedeutet, man konnte ¾ darstellen (= ½ und ¼), Brüche wie $\frac{7}{10}$ jedoch nicht. Die Ausnahme ist ⅔, dargestellt durch eine Mund-Glyphe über zwei vertikalen Strichen mit unterschiedlicher Länge.

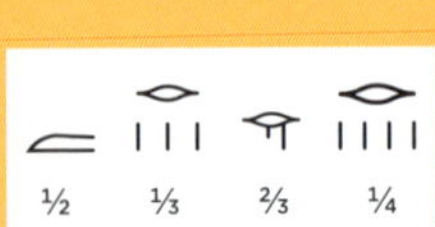

Durch Zahlen begrenzt

Die wiederholte Verwendung von Symbolen für zusätzliche Einzel-, Zehner- und Hundertereinheiten macht das Schreiben von Zahlen unhandlich. Mit einem System wie dem römischen, das einem Symbol ein weiteres voranstellt, um die Subtraktion zu kennzeichnen, kann die Addition ebenfalls erreicht werden, indem die Summe aller Symbole zusammengezählt wird: XCIV + XXIX (94 + 29) führt zum gleichen Ergebnis, als würde man einfach die Cs, Xs, Vs und Is zählen.

Potenzen

Eine Quadratzahl ist eine Zahl, die mit sich selbst multipliziert wird. Drei im Quadrat ist beispielsweise 3 x 3 . Man könnte auch 3^2 schreiben. Man spricht es „drei hoch zwei" aus, das bedeutet, wir multiplizieren zwei Dreien miteinander.

Eine Kubikzahl ist hingegen eine Zahl, die ein weiteres Mal mit sich selbst multipliziert wird, drei Kubik sind dann 3 x 3 x 3 und kann auch 3^3 geschrieben werden, „drei hoch drei". Die Hochzahl (die kleine, hochgestellte Ziffer) wird als Exponent bezeichnet.

Quadrat- und Kubikzahlen werden verwendet in Bezug auf Objekte, die zwei- und dreidimensional sind. Höhere Potenzen werden in der Mathematik zwar verwendet, aber wenn Sie nicht gerade ein theoretischer Physiker sind, machen Sie sich wahrscheinlich keine Gedanken über weitere Dimensionen.

Den Römern war klar, dass ihr System Lücken aufweist: Ihre Mathematik war zu unflexibel. Bruchzahlen basierten alle auf der Teilung durch 12, Dezimalbrüche gab es nicht – stellen Sie sich vor, Sie müssten sich mit komplexen Konzepten wie Potenzen (siehe Kasten oben) oder quadratischen Gleichungen (siehe Seite 174) beschäftigen, und das mit dem römischen Zahlensystem, das keine Ziffer für 0 kennt.

$\mathbf{IV^{III} = LXIV}$

$\mathbf{XIIx^{II} + IVx - IX = I - I}$

Es ist nicht verwunderlich, dass die römische Mathematik sich nicht durchgesetzt hat.

Stellenwert

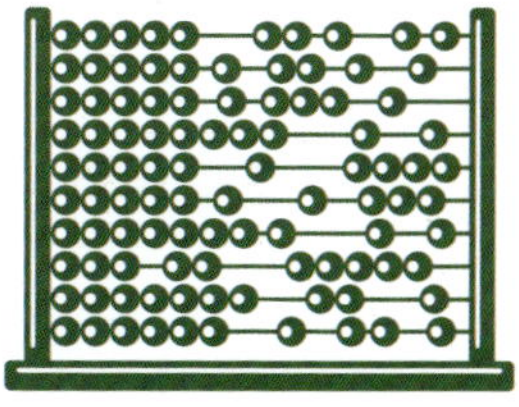

Das indisch-arabische Zahlensystem, das wir heute benutzen, besitzt lediglich neun Ziffern, die bis ins Unendliche wiederverwendet werden können. Es wurde im Indien des

3. Jahrhunderts v. Chr. entwickelt und erhielt seinen Feinschliff durch arabische Mathematiker, bevor es auch in Europa adaptiert wurde. In diesem System ist der Wert einer Zahl an ihre Position - ihren Stellenwert - geknüpft. Dieser Stellenwert steigert sich von links nach rechts und macht dieses System viel flexibler als das römische.

„Von Stelle zu Stelle ist jeweils das Zehnfache des Vorhergehenden.“
Die erste Beschreibung des Stellenwertes in der indo-arabischen Zählweise, Aryabhata, indischer Mathematiker (476–550)

Tausender	Hunderter	Zehner	Einer
5	6	9	1

Eine Zahl wie 5691 ist durch bloße Kombination möglich:

5000 (5 x 1000)
600 (6 x 100)
90 (9 x 10)
1 (1 x 1)

Durch die Nutzung von Stellenwerten ist es möglich, selbst große Zahlen mit wenigen Zeichen darzustellen. Vergleichen wir einmal das römische mit dem arabischen System:

88 = LXXXVIII
797 = DCCXCVII
3839 = MMMDCCCXXXIX

Einfach nichts – der Beginn von null

Stellenwerte sind gut, solange jeder Platz einer Zahl beziffert ist. Entstehen allerdings Lücken - nichts in der 10er-Spalte (308 beispielsweise) -, wie stellt man das dann dar? Einen Freiraum

lassen, wie die Chinesen, könnte mehrdeutig verstanden werden, es sei denn, die Zahlen sind sorgfältig in Spalten aufgereiht: 9 2 könnte 902, aber auch 9002 bedeuten, was ein immenser Unterschied ist. Auch in Indien wurde der Freiraum zur Darstellung einer leeren Ziffer genutzt, später hat man ihn aber durch einen Punkt oder kleinen Kreis ersetzt.

Dieser Methode wurde der Sanskrit-Name *sunya* gegeben, was so viel wie leer bedeutet. Als die Araber um 800 n. Chr. das indische Zahlensystem adaptierten, übernahmen sie auch den Freiraum und betitelten diesen mit *sifr* – dem arabischen Wort für leer und Ursprung des englischen Begriffs „Zero" (null).

Indisch-arabische Zahlen tauchten in Europa das erste Mal um 1000 n. Chr. auf, allerdings wurden sie schon einige Jahrzehnte früher allgemein angenommen. Der italienische Mathematiker Leonardo Bonacci, besser bekannt als Fibonacci, hat ihren Nutzen bereits 1200 n. Chr. beworben. Allerdings wurden die römischen Zahlen von Händlern bis ins 16. Jahrhundert hinein verwendet.

Der früheste Nachweis eines Symbols für die Ziffer Null in Dezimalzahlen ist eine kambodschanische Inschrift auf einem Stein aus dem Jahre 683. Der große Punkt steht für die Null zwischen den Zeichen für 6 und 5, es bedeutet so viel wie 605.

„Die neun indischen Ziffern sind: 9 8 7 6 5 4 3 2 1. Mit diesen neun Ziffern und dem Zeichen 0 … kann jede Zahl geschrieben werden."

Fibonacci, Liber Abaci, 1202

Kapitel 3

Wie weit kann man gehen?

Nicht alle Zahlensysteme sind unendlich erweiterbar.

Unser Zahlensystem ist grenzenlos – es kann jede vorstellbare Nummer beschreiben, einfach nur durch das Hinzufügen von immer mehr Ziffern. Das war nicht immer so.

Nicht genug Zahlen?

Die einfachsten Zählsysteme bieten zwar keine Möglichkeit, Berechnungen durchzuführen, ermöglichen aber dennoch das Zählen kleiner Mengen. Es gibt Bezeichnungen für 1, 2 und manchmal auch „viele" (womit unzählbar große Zahlen gemeint sind). Das System, welches Eingeborene in Südafrika verwendeten, arbeitete mit Serien von Zweien und Einsen. Sein Nutzen war jedoch begrenzt durch die Anzahl der Personen, die dem System folgen konnten.

1 xa **2 t'oa** **3 'quo**
4 t'oa-t'oa **5 t'oa-t'oa-xa** **6 t'oa-t'oa-t'oa**

Supyire, eine der Sprachen Malis, besitzt auch Wörter für die Grundzahlen 1, 5, 10, 20, 80 und 400. Die restlichen Zahlen lassen sich aus diesen bilden. Zum Beispiel ist 600 *kàmpwòò ná kwuu shuuní ná bééshùùnní*, was so viel bedeutet wie **400 + (80 x 2) + (20 x 2).**

Der Stamm der Toba in Paraguay nutzt ein System, welches Wörter für die Ziffern 1–4 enthält; weitere Zahlen werden durch eine extravagante Zusammenstellung der vorhandenen Wörter beschrieben:

1	**nathedac**
2	**cacayni** *oder* **nivoca**
3	**cacaynilia**
4	**nalotapegat**
5 = 2 + 3	**cacayni cacaynilia**
6 = 2 x 3	**nivoca cacaynilia**
7 = 1 + 2 x 3	**nathedac nivoca cacaynilia**
8 = 2 x 4	**nivoca nalotapegat**
9 = 2 x 4 + 1	**nivoca nalotapegat nathedac**
10 = 2 + 2 x 4	**cacayni nivoca nalotapegat**

Diese Art von System ist praktisch, um Dinge zu zählen, die in kleinen Mengen vorkommen, aber es ist natürlich eingeschränkt.

Eine kleine Unendlichkeit

Unendlichkeit wird oft als ein unzählbarer Wert begriffen (siehe Kapitel 7 und 8). Für die Toba und die südafrikanischen Eingeborenen könnte es gut eine Zahl unterhalb von 100 sein. Denn in einer Gesellschaft, die sich nicht mit abstrakter Mathematik beschäftigt, existiert keine Notwendigkeit,

die Messlatte für einen Unendlichkeitswert höher zu legen als für die Größe einer Familie oder einer Tierherde.

Weniger als null

Beim frühen Allerweltszählen brauchte man keine Negativzahlen. Die alten Griechen waren wegen ihnen sogar höchst beunruhigt und der Mathematiker Diophantus (3. Jh.) beschrieb Gleichungen wie $4x + 20 = 0$ (was mit einem negativen x-Wert einhergeht) als absurd.

Die frühen Bauern, die erkannten, dass drei Schafe fehlten, mussten nicht –3 Schafe verbuchen, sondern es reichte aus zu wissen, dass es drei weniger als die gesamte Herde sind. Mit dem Handel kam auch das Bedürfnis, Schulden aufzuzeigen. Wenn man sich 100 Münzen borgte, stand das Konto bei –100; hatte man 50 zurückgezahlt, stand es bei –50.

> ***„Eine vom Nichts abgezogene Schuld wird zum Kredit; ein vom Nichts abgezogener Kredit wird zur Schuld."***
>
> Brahmagupta, indischer Mathematiker (598–670)

Negativzahlen wurden für derlei finanzielle Zwecke bereits seit dem 7. Jahrhundert genutzt. Das erste Aufkommen negativer Zahlen gab es allerdings schon viel früher. Der chinesische Mathematiker Liu Hui etablierte im 3. Jahrhundert die Regeln der Arithmetik, indem er negative Zahlen nutzte. Er verwendete Zählstäbe in verschiedenen Farben für Gewinne und Verluste, die er als positiv und negativ bezeichnete. Rote Zählstäbe standen für positive, schwarze für negative Zahlen – gegensätzlich zu heutigen Buchhaltungsrichtlinien.

Die Taxonomie der Zahlen

Mathematiker unterscheiden verschiedene Zahlenkategorien:

- *Natürliche* Zahlen sind die, die man als Erstes lernt, die Zahlen, mit denen wir zählen: 1, 2, 3 usw.

- *Ganze* Zahlen sind eine Erweiterung der natürlichen Zahlen inklusive null: 0, 1, 2, 3 usw. (Das erscheint etwas seltsam, wenn man sich fragt, wie null ganz sein kann? Sie beschreibt ja eher den Mangel einer Zahl, mehr ein Loch als ein Ganzes. Aber so sind Mathematiker eben ...)

- Als *integer* bezeichnet man alle Ganzzahlen und die Zahlen unter null, die Negativzahlen: ... –3, –2, –1, 0, 1, 2 , 3 ...

- *Rationale* Zahlen werden in Brüchen dargestellt, wie ½, ⅓ usw. Sie schließen die integeren Zahlen ein, sofern diese in Brüchen dargestellt werden können: 1/1, 2/1 usw. Brüche zwischen ganzen Zahlen gehören ebenfalls dazu, falls man sie in Brüche schreiben kann: Anstatt 1 ½ kann man z. B. auch 3/2 schreiben. Eine rationale Zahl kann entweder als endende oder sich wiederholende Dezimalzahl geschrieben werden: ½ ist 0,5 und ⅓ ist 0,33333 ...

- *Irrationale* Zahlen sind diejenigen, die nicht als abschließende oder sich wiederholende Dezimalzahlen geschrieben oder als Verhältnis zwischen zwei ganzen Zahlen ausgedrückt werden können.

- *Reelle* Zahlen sind alle Zahlen, die zu den rationalen und irrationalen Zahlen gehören.

- *Imaginäre* Zahlen: Zahlen, die ein i enthalten, welches als die Quadratwurzel von –1 definiert ist. (Aber keine Sorge, damit beschäftigen wir uns nicht.)

Zählen und Messen

Während vieles gezählt werden kann, fällt es in anderen Fällen schwer oder ist gar unmöglich. Man kann Menschen, Tiere, Pflanzen sowie kleine Mengen von Steinen oder Samen zählen. Theoretisch wären wir auch in der Lage, die Weizenkörner einer Ernte, die Anzahl der Bäume im Wald oder die Ameisen in einem Ameisenhügel zu zählen, auch wenn es unwahrscheinlich ist, dass wir das machen würden. Solche Dinge würden wir eher messen. Menschen haben schon früh angefangen, Körner anhand von Gewicht oder Volumen zu messen.

Manches kann sogar nur auf diese Weise gemessen werden: Man misst das Volumen von Flüssigkeiten, das Gewicht (oder die Masse) von Steinen und die Fläche von Land (siehe Kapitel 15).

Noch weiter entfernt vom Zählen sind die willkürlichen Skalen z.B. für Temperaturmessungen. Skalen bieten eine andere Verwendung für negative Zahlen. Wenn eine Skala nicht gerade bei einer Art absolutem Nullpunkt beginnt, dann kann eine negative Zahl hilfreich sein. Thermometer benötigen negative Zahlen, wenn in Celsius oder Fahrenheit gemessen wird. Auch im Bereich der Vektoren (die Verbindung aus Menge und Richtung) werden Negativzahlen gebraucht, da wir eine Richtung als positiv und die andere als negativ betrachten. Eine 45°-Drehung im Uhrzeigersinn ist eine positive Rotation, dreht man 30° zurück, handelt es sich um eine Rotation von –30 Grad.

Ionen (elektrisch geladene Teilchen) können sowohl negativ als auch positiv geladen sein und deren Ladung entscheidet darüber, wie sie mit anderen Substanzen reagieren. In diesen alltäglichen Situationen können Sie auf negative Zahlen stoßen:

- Etage –1 eines Liftes – eine Ebene unterhalb des Erdgeschosses, das als Geschoss 0 gilt
- Ein Fußballclub mit einer negativen Tor-Differenz – mehr Tore erwartet als geschossen
- Eine negative Höhe, die angibt, dass ein geografischer Punkt unterhalb des Meeresspiegels liegt
- Eine negative Inflation (Deflation), die angibt, dass die Einzelhandelspreise fallen

Wer zählt?

Obwohl wir der Meinung sind, Mathematik sei eine rein menschliche Angelegenheit, scheinen Tiere auch zählen zu können. Wissenschaftler haben herausgefunden, dass einige Salamander- und Fischarten zwischen verschieden großen Gruppen unterscheiden können, solange das Verhältnis von einer zur anderen größer als 2 ist.

Honigbienen können offenbar bis 4 zählen. Lemure und einige Affenarten haben begrenzte Zählfähigkeiten und einige Vogelarten können gut genug zählen, um zu wissen, ob einige von ihren Eiern, Küken oder Geschwistern fehlen.

Sind Zahlen real?

Von allen Realitätsanwärtern der Mathematik behaupten sich die ganzen Zahlen am ehesten. Ganze Zahlen scheinen ziemlich beständig zu sein, bis man sie näher betrachtet: Wahrscheinlich rennen auf dem Bild drei Wölfe durch den Wald. Das ist ein Ereignis, das sich allem Anschein nach mit ganzen Zahlen beschreiben lässt. Wir können allerdings keine Grenze um jeden Wolf ziehen. Zu jeder Zeit fliegen Atome um den Wolf, die sich hin und her bewegen. Indem sich der Wolf an einem anderen reibt, nimmt er durch statische Aufladung mehr Elektronen auf; die meisten seiner Zellen stammen nicht einmal von einem Wolf. Es gibt ein Wesen, das in etwa einem Wolf gleicht, sich jedoch ständig verändert. Gehen wir noch näher ran und betrachten die subatomaren Partikel, dann können wir sogar eine Wolke oder einen Impuls voller Energie entdecken, der oder die zu jeder Zeit in einer bestimmten Position ist, oder auch nicht. Schwer zu zählen.

Sind ganze Zahlen eine Momentaufnahme? Wie kurz ist der Moment? Wie messen wir diesen? Das Messen einer Konstanten wie der Zeit ist vollkommen willkürlich. Und wie Zenos Paradoxien zeigen (siehe Seite 8), wird das Teilen der Zeit in kleine Momente nicht zu einem logischen Ergebnis führen, das sich mit der Beobachtung der Realität deckt.

Kapitel 4

Wie viel ist 10?

10 wird im Allgemeinen mit mehr als 9 gleichgesetzt – aber das muss nicht so sein.

Sagen wir, unser Zahlensystem nutzt eine 10er-Basis. Das bedeutet, jedes Mal, wenn wir bei 9 angekommen sind, beginnen wir von vorn mit 0 an der Einerstelle und 1 an der nächsten Spalte, die wir als „Zehner" bezeichnen. Die Folgezahlen nutzen zwei Ziffern, eine für die Einer-, die andere für die Zehnerstelle. Sind wir bei 99 angelangt, sind die Ziffern, die wir nutzen können, aufgebraucht und starten ein weitere Spalte für Hundertereinheiten.

Es muss nicht so sein – es existiert keine Regel, die besagt, dass 9 die höchste Ziffer ist, die wir in eine Spalte einsetzen können. Wir könnten höhere oder niedrigere Ziffern nutzen.

Was ist die 10er-Basis?

Die Bezeichnung 10er-Basis verrät uns nichts; egal bei welcher Zahl wir aufhören zu zählen, die erste Zahl einer neuen Spalte ist immer eine „10". Eine außerirdische Rasse, die mit einer 9er-Basis zählt, wird ihr System trotzdem 10er-Basis nennen und keine Ziffer für sagen wir „9“ haben (0, 1, 2, 3, 4, 5, 6, 7, 8, 10). Wir brauchen wirklich einen neuen Namen (und ein Zeichen) für die „10“, mit der wir unsere Basis beschreiben.

Finger, Zehen, Beine und Tentakel

Wahrscheinlich haben wir ein 10er-Basis-System entwickelt, weil wir zehn Finger und zehn Zehen haben, was das Zählen in Zehnerschritten erleichtert.

Wenn anstatt der Menschen die dreizehigen Faultiere zur dominanten Spezies geworden wären, hätten sie wahrscheinlich ein Zahlensystem mit 6er- oder 3er-Basis entwickelt – oder sogar eine 12er-Basis, falls sie die Zehen der Hinterpfoten ebenso wie die der Vorderpfoten benutzen. Ein 3er-Basis-System würde so aussehen:

Basis 3 - Zählen als Faultier #1									
0	1	2	10	11	12	20	21	22	100
Basis 6 - Zählen als Faultier #2									
0	1	2	3	4	5	10	11	12	13
Basis 10 - Zählen als Mensch									
0	1	2	3	4	5	6	7	8	9

Wenn Oktopusse die dominante Spezies wären, hätten sie sicher ein 8er-Basis-System. In Anbetracht der Tatsache, dass sie sehr intelligente Kreaturen sind, würden sie mit einer 8er-Basis wohl ziemlich gut zählen.

Basis 8 – Zählen als Oktopus									
0	1	2	3	4	5	6	7	10	11
Basis 10 – Zählen als Mensch									
0	1	2	3	4	5	6	7	8	9

10, 20, 60 …

Wir müssen gar nicht die Spezies wechseln, um die verschiedenen Zählbasen in Aktion zu sehen. Die Babylonier arbeiteten mit einer 60er-Basis (siehe Kapitel 6) und die Mayas mit einer 20er-Basis.

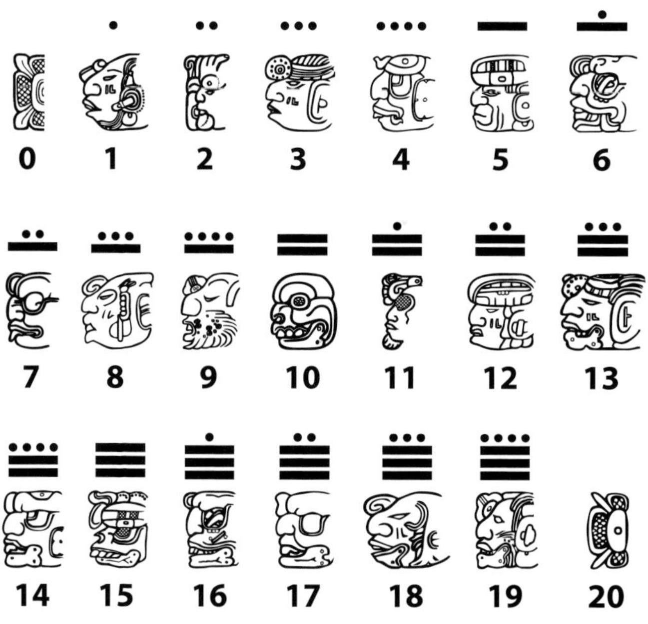

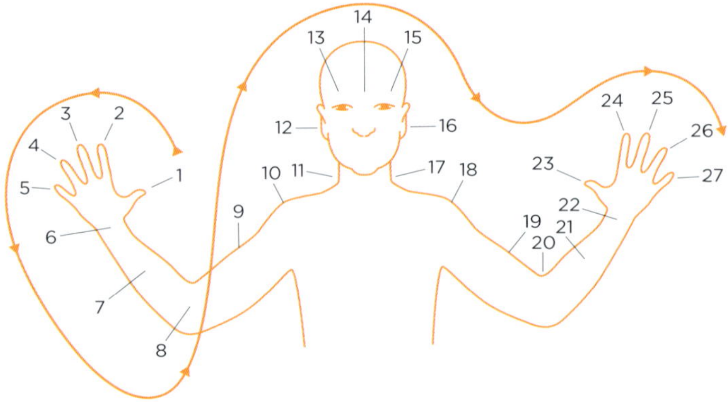

Zweier-Zählsysteme nutzen eine 2er-Basis (siehe Seite 24). Das 12er-System nutzen wir tatsächlich für einige Messungen (12 Eier ergeben ein Dutzend).

Die Oksapmin aus Neuguinea nutzen eine 27er-Basis, abgeleitet vom Zählen der Körperteile, angefangen bei einem Daumen über den Arm zum Gesicht und nach unten zur anderen Hand.

Wie Computer zählen

Wir nutzen die 10er-Basis nicht für alles. Viele Computerbefehle nutzen eine 16er-Basis, welche als Hexadezimalsystem bezeichnet wird. Da wir über keine Ziffern verfügen, die über 9 hinausgehen, wurden die ersten Buchstaben des Alphabets für das Hexadezimalsystem übernommen. Sie stehen für die Ziffern von 10–15.

Basis 10 – Zählen als Mensch																
0	**1**	**2**	**3**	**4**	**5**	**6**	**7**	**8**	**9**	**10**	**11**	**12**	**13**	**14**	**15**	**16**
Basis 16 – Zählen als Computer #1																
0	**1**	**2**	**3**	**4**	**5**	**6**	**7**	**8**	**9**	**A**	**B**	**C**	**D**	**E**	**F**	**10**

Ihnen ist vielleicht aufgefallen, dass Codierungen wie #a712bb Farben am Computer kennzeichnen. Hierbei handelt es sich um

Dreiergruppen von Hexadezimalzahlen, - a7, 12, bb. Diese bestimmen den Wert für jede einzelne Grundfarbe - Rot, Grün, Blau -, aus denen alle anderen Farben am Computer gemischt werden. Diese Zahlen, umgewandelt ins Dezimalsystem (10er-Basis) würden einen Wert von 23 ergeben (a7 = 16 + 7); 18 (12 = 16 + 2) und 191 (bb = [11 x 16] + 15).

Das Hexadezimalsystem zu nutzen bedeutet, dass größere Zahlen (ab 255 = ff) mit nur zwei Ziffern gespeichert werden können. Letzten Endes basieren alle Vorgänge auf dem Computer auf dem Binärcode, oder auch 2er-Basis. Dieser nutzt ausschließlich zwei Ziffern - 0 und 1 -, denn das Zählen beginnt jedes Mal mit einer neuen Stelle, wenn man 2 erreicht.

Der Binärcode macht es möglich, alle Zahlen durch einen von zwei Zuständen zu repräsentieren, die wir an/aus oder positiv/negativ betiteln können. Das heißt, alles kann durch das Vorhandensein oder Fehlen einer Ladung auf eine Magnetplatte oder ein Magnetband kodiert werden.

Basis 2 - Zählen als Computer #2									
0	**1**	**10**	**11**	**100**	**101**	**110**	**111**	**1000**	**1001**
Basis 10 - Zählen als Mensch									
0	**1**	**2**	**3**	**4**	**5**	**6**	**7**	**8**	**9**

Alien-Alarm

Sollte es intelligente Wesen irgendwo anders im Universum geben, was durchaus möglich ist (siehe Kapitel 18), wie würden sie zählen? Vielleicht haben sie 17 Tentakel und zählen mit einer 17er-Basis.

Höchstwahrscheinlich haben sie ebenfalls den Binärcode entdeckt und nutzen ihn (angenommen, Zahlen sind keine reine Menschenerfindung). Es könnte ja sein, dass der Binärcode es möglich macht, mit den Aliens zu kommunizieren.

Die Plaketten, die an der Außenseite des 1972 und 1973 gestarteten *Pioneer*-Raumschiffs befestigt waren, zeigten die binären Zustände von Wasserstoff, mit Elektronen, die sich auf- und abdrehten.

Der Unterschied zwischen den beiden wird als Maß für Zeit und Entfernung verwendet und müsste von einer zur Raumfahrt fähigen Zivilisation erkannt werden.

Alle deine Basen …

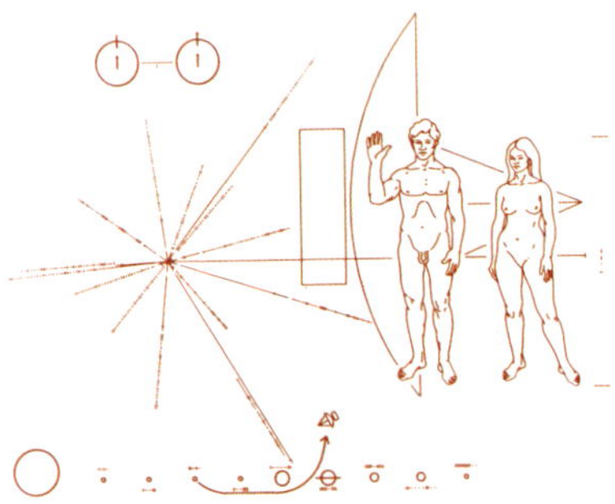

Gibt es eine andere Art zu zählen? Es ist wohl intuitiv, dass wir diskrete Zahlen als die Basis unseres Zahlensystems ansehen, aber es könnte andere Wege geben, sich Zahlen zu nähern. Was, wenn wir mit Pi-Basis zählen würden und eine Kultur hätten, die auf Kreise konzentriert ist? Was, wenn unser System auf Energien basieren würde? Gar nicht mal so dumm, wenn man sich auf den Unterschied zwischen ein-, zwei- und dreidimensionalen Objekten fokussiert – Linien, Flächen, Rauminhalte. Es ist nahezu unmöglich, sich vorzustellen, wie die Welt aussähe, wenn ein weiterer Teil des elektromagnetischen Spektrums für uns sichtbar wäre. Honigbienen können beispielsweise ultraviolettes Licht sehen, während Klapperschlangen Infrarot-Licht sehen können.

Wir können die Möglichkeit nicht ausschließen, dass andere Lebensformen irgendwo im Universum vielleicht unsere Zahlen auf eine ganz andere Weise nutzen, oder überhaupt nicht.

Die Basen hart arbeiten lassen: Logarithmen

Ein Logarithmus ist der Exponent, mit dem die Basis potenziert werden muss, um eine gegebene Zahl zu erhalten. Das klingt verwirrend, aber es ist gar nicht so schwer.

Der Ausdruck

$\mathbf{y = b^x \Leftrightarrow x = \log_b (y)}$
(keine Panik ...)

bedeutet, wenn man Zahlen als Beispiel verwendet,

$\mathbf{1000 = 10^3}$, wie $\mathbf{\log_{10} (1000) = 3}$

dass Logarithmen eine gute Möglichkeit sind, um mit sehr großen Zahlen umzugehen, indem man sie zu wesentlich kleineren Zahlen reduzieren kann. Um Zahlen miteinander zu multiplizieren, zählt man ihre Logarithmen zusammen. Um Zahlen zu teilen, subtrahiert man ihre Logarithmen.

Bevor wir Taschenrechner und Computer nutzten, waren Logarithmus-Tabellen die Möglichkeit, um komplexe Berechnungen durchzuführen.

Was es ein bisschen schwieriger macht, ist die Tatsache, dass Zahlen auf eine Bruchzahl erhöht werden können - also eine Zahl, die keine ganze Zahl ist. Der Logarithmus einer 10er-Basis von 2, $\log_{10}$ (2), ist 0,30103, was bedeutet, dass $10^{0,30103} = 2$ ist. Wie kann eine Zahl mit sich selbst multipliziert werden – und das weniger als ein ganzes Mal? Mathematik ist eine trickreiche Sache. Man könnte einen Graph mit den Potenzen von 2 zeichnen und es würde wie ein Diagramm aussehen. (Man nennt es logarithmische Kurve und viele Graphen folgen dieser Form. Die Linie nähert sich der y-Achse, berührt sie aber nie [x=0]).

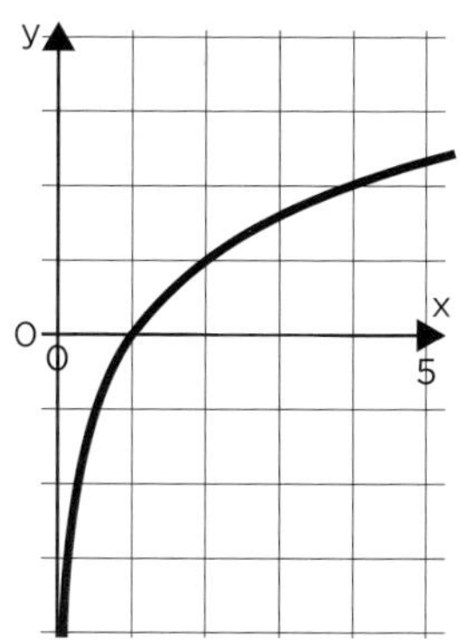

Sobald man einen Graphen gezeichnet hat, kann man alle Werte ablesen, die man möchte, inklusive der scheinbar unmöglichen Zahlenwerte, die zu einer Bruchzahl erhöht werden.

Alle logarithmischen Graphen, egal welche logarithmische Basis sie haben, kreuzen die x-Achse bei 1, da jede auf eine Potenz von Null erhöhte Zahl 1 ist:

$10^0 = 1$
$2^0 = 1$
$15{,}67^0 = 1$

Offenbar gehen die Zahlen auch unter 0. Negative Erhöhungen geben Werte von weniger als 1 an, da das Minuszeichen besagt, dass man 1 über die Zahl setzen soll (das Gegenstück der Zahl), um einen Bruch daraus zu machen:

$2^{-1} = ½$
$2^{-2} = ½^2 = ¼$

Nur für den Fall, dass Sie dachten, Logarithmen müssen eine 10er-Basis haben – müssen sie nicht. So ist z.B. in der 2er-Basis der Logarithmus von 16 = 4:

$16 = 2^4$, also ist **$4 = \log_2 (16)$**

Eine Menge Anwendungen aus der Wissenschaft, der Technik und sogar dem Finanzwesen nutzen sogenannte „natürliche Logarithmen“. Das sind Logarithmen mit der Basis e, die eine irrationale Zahl ist (eine Zahl mit einem endlosen Dezimalbruch) der bei 2,718281828459 ... beginnt.

Alles über e

Die Zahl „e“ oder Eulersche Zahl wurde von Mathematikern mit dieser unheimlich aussehenden Formel definiert:

$$e = \sum_{n=0}^{\infty} \frac{1}{n!}$$

Es ist ziemlich einfach. All das bedeutet:

$$e = 1 + \frac{1}{1} + \frac{1}{1x2} + \frac{1}{1x2x3} + \frac{1}{1x2x3x4} \quad ...$$

usw., bis ins Unendliche. Der Beginn der Sequenz evaluiert zu:

$$e = 1 + \frac{1}{1} + \frac{1}{2} + \frac{1}{6} + \frac{1}{24}$$

= 1 + 1 + 0,5 + 0,1666 ... + 0,041666 ...
= 2,708266 ...

Ein natürlicher Logarithmus wird als „$\log_e$" oder „ln" dargestellt. Damit ist $\log_e$ (n) die Potenz, um die e erhöht wird, um die Zahl n zu erhalten:

$\mathbf{e^{1,6094} = 5}$
also ist $\mathbf{\log_e(5) = 1,6094}$

Es mag unbrauchbar aussehen, aber es wurde häufig genutzt, um Zinseszinsen auszuarbeiten. Die Formel, um Zinseszinsen zu berechnen, mit einer Einzahlung von 1 Dollar/Pfund/Euro bei einer jährlichen Verzinsung *R* über *t* Jahre ergibt *eRt*. Investiert man sein Geld für fünf Jahre mit einer Rate von 5 Cent, hat man nach fünf Jahren $e^{0,04x5} = e^{0,2} = 1,22$. Bei einer Investition von 10 Dollar/Pfund/Euro wäre das:

$\mathbf{10e^{0,04x5} = 10e^{0,2} = 12,21}$

Die zusätzliche 0,01 ist einfach die nächste Ziffer im Ergebnis, das mehr Dezimalstellen zeigt, als bei Währungsangaben üblich.

Der Nutzen von e: Einen Job finden!

2007 hat Google in einigen amerikanischen Städten Poster aufgehängt, die Folgendes aussagten:

{die erste 10-stellige Primzahl in aufeinanderfolgenden Ziffern von e gefunden}.com

Wer diese Gleichung gelöst und die Web-Adresse (7427466391.com) aufgerufen hat, ist auf eine weitere, noch schwierigere Aufgabe gestoßen. Wer auch diese lösen konnte, wurde zu einer Seite weitergeleitet, auf der Google die Computerfreaks zu sich einlud, um sich für einen Job zu bewerben.

Kapitel 5

Warum sind einfache Fragen so schwer zu beantworten?

Fragen zu stellen ist einfach, sie zu beantworten umso schwerer, wenn man felsenfeste Beweise möchte.

Kann man jede ganze Zahl als die Summe zweier Primzahlen ausdrücken? Diese Frage – auch wenn sie den Eindruck macht, dass sie für unseren Alltag nicht wichtig ist – scheint ziemlich einfach. Ein preußischer Amateur-Mathematiker, Christian Goldbach, vermutete, dass jede ganze Zahl, die größer als 2 ist, als Summe zweier Primzahlen ausgedrückt werden kann. 1742 schrieb er dem international renommierten Mathematiker Leonard Euler, um ihm seine Theorie vorzustellen. Man kann an einigen Beispielzahlen sehen, dass es zu funktionieren scheint:

4 = 2 + 2 (2 ist die einzige gerade Primzahl)

6 = 3 + 3

8 = 5 + 3

10 = 5 + 5

12 = 7 + 5

usw. bis

7614 = 7607 + 7

und so weiter ...

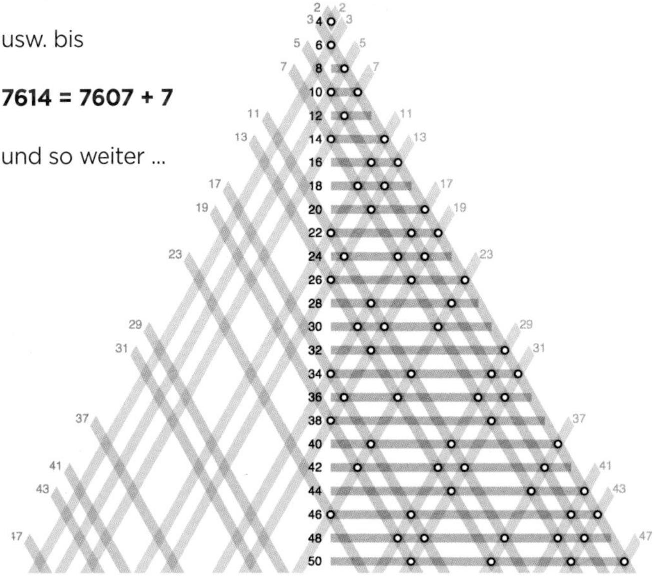

Die Eins und die Primzahl

Obwohl „zuerst“ und „primär“ in einigen Zusammenhängen synonym sind, wird die Zahl 1 jedoch nicht als Primzahl betrachtet. Die Definition von Primzahlen schließt die 1 aus: jede Zahl, die größer als 1 und nur durch 1 und sich selbst teilbar ist. Es gibt noch andere Gründe, die komplexer sind, aber bleiben wir bei der Begründung: 1 ist keine Primzahl, weil sie zu besonders ist.

Tatsächlich hatte Goldbach die 1 als Primzahl erwogen. Er hatte eine zweite Theorie, heute bekannt als schwache Goldbachsche Vermutung, welche besagt, dass jede ungerade Zahl größer als 2 die Summe dreier Primzahlen ist. Diese Theorie musste jedoch umformuliert werden in „jede ganze Zahl größer als 5“, sodass die 1 keine Rolle übernehmen muss, die es nicht mehr zu besetzen gilt.

(Die schwache Vermutung wurde 2013 durch den peruanischen Mathematiker Harald Helfgott bewiesen.)

Euler stand unklugerweise Goldbachs Theorie eher abweisend gegenüber. Wie sich herausstellte, konnte Goldbach seine Theorie nicht beweisen, obwohl er sie an einer Menge Zahlen ausprobieren konnte, mit denen sie funktionierte. In der Mathematik reicht es nicht aus, dass eine Theorie mit jeder Zahl, an der man sie ausprobiert, aufgeht - es braucht einen Beweis.

Goldbachs Vermutung ist bis heute nicht bewiesen. Computer haben sie mit Zahlen bis zu einer Höhe von 4×10^{18} getestet (4 000 000 000 000 000 000) - aber das ist noch immer nicht gut genug.

„dass ... jede ganze Zahl eine Summe von zwei Primzahlen ist, halte ich für einen ganz bestimmten Grundsatz, obwohl ich es nicht beweisen kann."

Christian Goldbach, Brief an Euler, 7. Juni 1742

Was, wenn da ein Wert wäre, irgendwo im Bereich von $10^{2\,000\,000}$, für den die Theorie nicht greift? Wir wären getäuscht worden, von einer anerkannten Theorie, die keine ist. Und auch wenn die Zahl $10^{2\,000\,000}$ keinen praktischen Nutzen hat, weil es sie im bekannten Universum nicht gibt, ist sie trotzdem wichtig. Obwohl bloßes Testen nie als Beweis dienen kann, kann es zum Widerlegen dienen (siehe Kapitel 10). Deshalb sind wiederholte Versuche keine Zeitverschwendung.

Es ist alles Vermutung ...

In der Mathematik sind Theorien Aussagen, die es zu beweisen gilt. Hat man keinen Beweis für seine Idee - diese Idee kann ein Gedanke, eine Ahnung oder etwas, das durch viele Beispiele unterstützt wird, sein -, bleibt sie eine Vermutung. Stößt man zu einem späteren Zeitpunkt auf einen Beweis, kann man diese zur Theorie erheben. Findet jemand anders einen Beweis, benennt er diesen Theorie, sogar wenn die Ursprungstheorie Jahrzehnte zurückliegt. Fermat nutzte einen eleganten Trick mit seiner sogenannten „Letzten Theorie" (siehe Kasten unten), in der er behauptete, er hätte den Beweis, aber keine Zeit ihn niederzuschreiben. Als seine Theorie 1993 schließlich durch den englischen Mathematiker Andrew Wiles bewiesen wurde, blieb der Name „Fermatscher Satz“ trotzdem bestehen, da er behauptet hatte, Beweise dafür zu haben (jedenfalls ist er unter diesem Namen wirklich berühmt geworden). Wer weiß, ob er wirklich einen Beweis hatte? Wahrscheinlich wollte er es nicht bei einer Vermutung belassen.

Fermatscher Satz

1637 kritzelte Pierre de Fermat seinen „letzten Satz“ auf den Rand einer Kopie der *Arithmetica*, geschrieben vom griechischen Mathematiker Diophantos. Diese besagt, dass keine drei ganzen Zahlen a, b und c die Gleichung $a^n + b^n = c^n$ für irgendeinen ganzzahligen Wert von *n* größer als 2 erfüllen können. Das heißt, während wir schreiben, sagen wir $3^2 + 4^2 = 5^2$ (9 + 16 = 25), können wir nicht das Gleiche für alle Potenzen, die größer als 2 sind, durchführen. Fermat notierte, dass er einen Beweis für seine Theorie habe, diesen aber nicht niederschreiben könne, da er nicht an den Rand passe.

Können Sie es beweisen?

Einfache Fragen der Mathematik können schwer zu beantworten sein, aufgrund der Schwierigkeit, einen Beweis liefern zu müssen. Goldbach war, laut eigener Aussage, sicher, dass seine Theorie stimmt, aber beweisen konnte er sie nicht. Computer könnten zeigen, dass sie für alle Zahlen nützlich ist und für viele Zahlen weit mehr als das. Ein Beweis ist in der Mathematik ein induktives Argument (im Gegensatz zur Schlussfolgerung).

Es muss auf anderen Beweisen basieren, die bereits etabliert sind (Grundsätze) oder Aussagen, die offiziell anerkannt sind, die Axiome. Der Beweis beruht also auf Logik und Argumentation. Jeder Schritt eines Beweises muss auf bekannten Wahrheiten basieren. Gelegentlich, wenn jede Möglichkeit geprüft werden kann, kann ein Beweis auf der Untersuchung von Fällen basieren. Wenn wir zum Beispiel eine Vermutung haben, die auf alle geraden Zahlen zwischen 2 und 400 zutrifft, könnten wir jede Zahl untersuchen, um zu sehen, ob sie die Bedingungen erfüllt. Wenn es so wäre, hätte man die Vermutung bewiesen und einen Grundsatz entwickelt, aber das ist normalerweise nicht der Fall. In Anlehnung an Goldbachs Vermutung können wir nicht jede gerade Zahl auf ihre Unendlichkeit überprüfen. Stattdessen brauchen wir einen Beweis, bei dem Variable für Zahlen stehen können.

Euklid und die Axiome

Wir haben die „offensichtlichen Wahrheiten“, die Axiome, ziemlich geschönt. Was macht etwas zu einer „offensichtlichen Wahrheit“? Für Sie oder mich wäre es wohl 1 + 1 = 2, aber ein Mathematiker müsste diese Aussage prüfen, bevor er sie akzeptieren könnte.

Axiome sind sogar noch grundlegender. Der griechische Mathematiker Euklid von Alexandria hat um 300 v. Chr. im Buch *Elemente*, das ihm zugeschrieben wird, fünf Axiome festgelegt. (Übrigens erwies sich *Elemente* als das beständigste Buch, das jemals geschrieben wurde und kein religiöser Text ist. Es wurde über 2000 Jahre lang dazu verwendet, um Geometrie zu lehren).

- Haben Sie zwei beliebige Punkte, dann können Sie eine gerade Linie zwischen ihnen ziehen. (So entsteht ein „Strecke".)

- Jede „Strecke" kann unendlich erweitert werden – was bedeutet, Sie können eine Linie grenzenlos verlängern. (Es gibt also wirklich Dinge, die offensichtlich wahr sind!)

- Haben Sie einen Punkt und eine Strecke angegeben, die am Punkt beginnen, können Sie einen Kreis um den Punkt mit der Strecke als Radius zentrieren. (Das klingt schwer, bis Sie es visualisieren. Der Punkt ist dort, wo Sie den Punkt eines Zirkels setzen. Die Strecke ist die Entfernung, um die der Schenkel des Zirkels verlängert wird. Nun können Sie einen Kreis zeichnen.)

- Alle rechten Winkel sind gleich.

- Sind zwei gerade Linien gegeben, zeichnen Sie eine Strecke, sodass sie beide Linien kreuzt. Wenn sich die Winkel, die dabei entstehen, auf weniger als 180 ° addieren, treffen sich schließlich die beiden ursprünglichen Linien. Das hört sich furchtbar kompliziert an, bedeutet aber, wenn man eine Zeichnung wie diese hat:

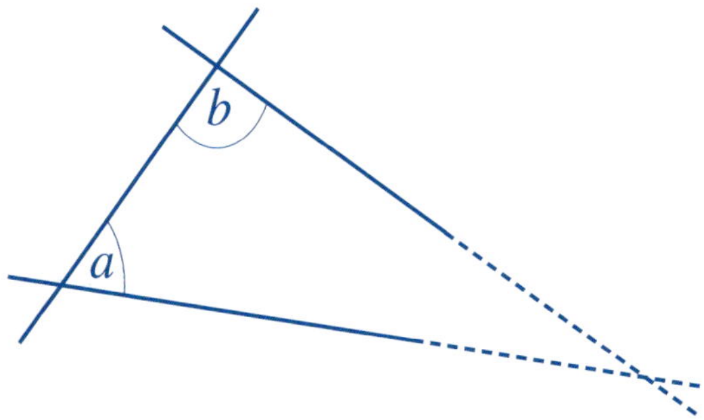

... und a + b sich zu weniger als 180 Grad summieren, dann werden sich die Linien kreuzen und die Form in ein Dreieck verwandeln. Euklid hat ebenfalls fünf ähnliche Ansichten:

- Was demselben gleich ist, ist auch einander gleich (das heißt, wenn a = b und b = c, dann ist a = c).

- Wenn Gleichem Gleiches hinzugefügt wird, sind die Ganzen gleich (wenn a = b ist, dann ist a + c = b + c).

- Wenn Gleichem Gleiches weggenommen wird, sind die Reste gleich (wenn a = b ist, dann ist a - c = b - c).

- Dinge, die übereinstimmen, sind einander gleich.

- Das Ganze ist größer als der Teil.

Euklid beschäftigte sich vor allem mit der Geometrie und seine Postulate sind darauf ausgerichtet. In letzter Zeit haben Mathematiker versucht, Axiome so inhalts- und kontextfrei wie möglich zu gestalten. Je weniger Beziehung mathematische Aussagen zu einer bestimmten Situation haben, desto nützlicher sind sie in der Regel. Dem durchschnittlichen Nicht-Mathematiker erscheinen sie weniger nützlich, je weniger Bezug sie zur Wirklichkeit haben.

Auf die Probe stellen

Wie funktioniert das mit den Beweisen? Schauen wir uns einen bekannten Grundsatz an, den Satz des Pythagoras. Er besagt: Wenn man die Seitenlängen eines rechtwinkligen Dreiecks quadriert, addieren sich die Quadrate der kürzeren beiden zum Quadrat der längeren Seite. (Was so viel heißt wie: Die Länge der Hypotenuse ist gleich der Quadratwurzel aus der Summe der Kathetenquadrate.)

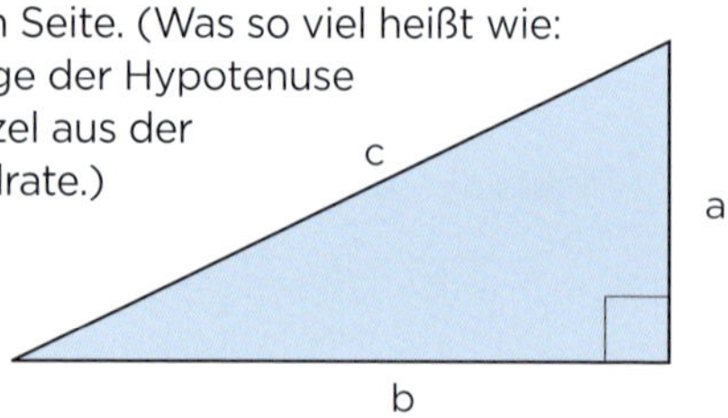

$$a^2 + b^2 = c^2$$

Wie kann man diesen Grundsatz beweisen? Es gibt verschiedene Möglichkeiten, aber erstmal genügt eine.

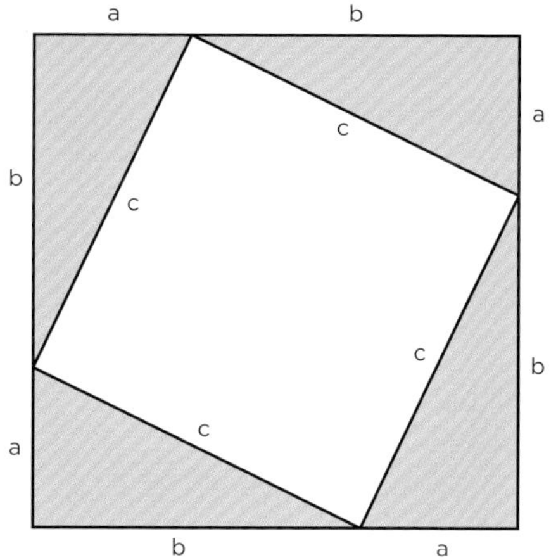

Zuerst zeichnen wir ein Quadrat mit vier Dreiecken, wie in der Abbildung zu sehen. Die rechten Winkel der Dreiecke bilden die Ecken des Quadrats. Nun entsteht ein großes Quadrat mit einem kleineren Quadrat im Inneren. Möglicherweise können Sie einen Beweis gleich anhand der Illustration erkennen. Jede Seite des großen Quadrats besteht aus a + b, daraus ergibt sich die Formel für die gesamte Fläche des großen Quadrats :

$A = (a + b)(a + b)$

Die Formel für die Fläche jedes kleinen Dreiecks ist:

$\frac{1}{2} \times ab$

Die Formel für Fläche im Inneren ist:

c^2

Es gibt also zwei Möglichkeiten, die Fläche des ganzen Quadrats zu formulieren:

$A = (a + b)(a + b)$

und

$A = c^2 + 4 \times (\frac{1}{2} \times ab)$

Um beide zu erweitern, gibt es diese Formel:

$$\mathbf{A = a^2 + 2ab + b^2}$$

und

$$\mathbf{A = c^2 + 2ab}$$

Man kann es auch so formulieren:

$$\mathbf{A = a^2 + 2ab + b^2 = c^2 + 2ab}$$

Zieht man 2ab von jeder Seite ab:

$$\mathbf{a^2 + b^2 = c^2}$$

Wir können also anhand der Variablen a, b, c, die für jede Zahl stehen, beweisen, dass der Satz des Pythagoras als Grundsatz bezeichnet werden kann.

Wir müssen es nicht mit jedem vorstellbaren Dreieck versuchen, da der Beweis zeigt, dass es tatsächlich mit jedem rechtwinkligen Dreieck funktioniert, egal wie groß oder klein. Das Dreieck könnte Seiten von 1 Nanometer oder 40 Milliarden Kilometern haben und der Beweis wäre immer noch wahr. Solche Fragen sind schwer zu beantworten, weil die offensichtliche oder empirische Beweiskraft oder Intuition nicht ausreicht, um einen Mathematiker zu überzeugen.

Kapitel 6

Was haben die Babylonier jemals für uns getan?

Um welche Zeit stehen Sie auf? In welchem Winkel standen die Zeiger auf der Uhr? Was ist Ihr Sternzeichen? Einige unserer tagtäglichen Gepflogenheiten sind viel älter, als Sie vielleicht denken.

Los geht's mit 60

Das babylonische Zahlensystem war um die Basen 10 und 60 organisiert. Obwohl es oft auf ein 60er-Basis-System bezogen ist, verwendet es auch 10 als Anhaltspunkt (siehe Kapitel 4). Die Babylonier benutzten nur zwei Symbole, um Zahlen darzustellen. Sie wiederholten das Symbol für eine Einheit (1), bis sie 9 davon hatten, dann arbeiten sie mit einem anderen Symbol für 10. Sie nutzten die Symbole für Einzel- und Zehnereinheiten gemeinsam, bis sie die 60 erreichten, dann wurde das 1-Symbol an einer anderen Position erneut verwendet.

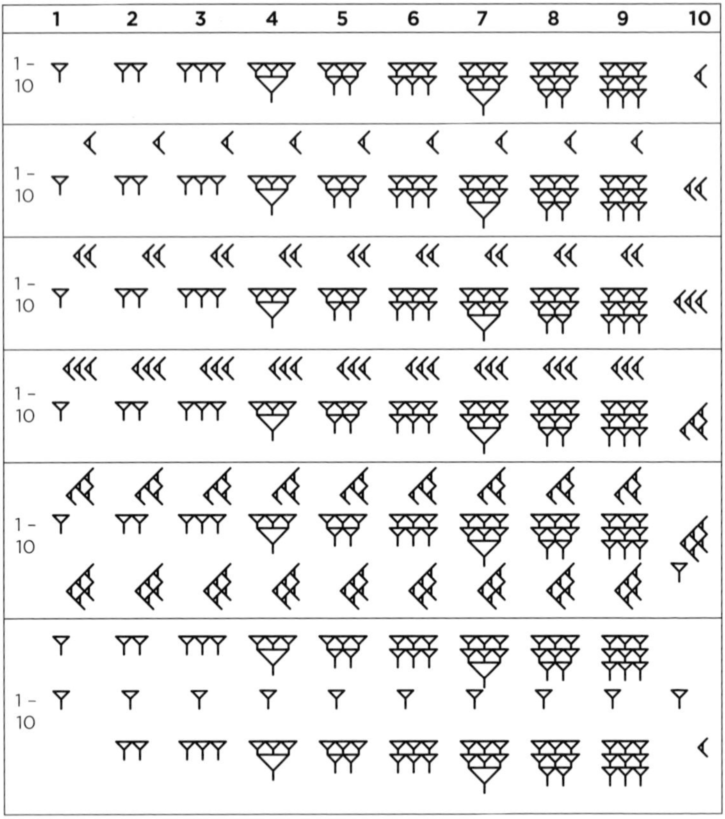

Dies bedeutete, dass sie mit der Kombination von zwei Symbolen eine beliebige Zahl bilden konnten, indem sie die Position änderten. Der Platz für 60er konnte bis 59 genutzt werden, danach wurde ein weiterer Platz für das Vielfache von 3600 verwendet. Der Abstand war entscheidend. Die Zahl 𒐖 steht für 2 x 1 = 2, aber wenn zwischen ihnen ein Leerzeichen steht, 𒁹 𒁹, lautet die Bedeutung (60 x 1) + (1 x 1) = 61. Es gab eine Null – dargestellt durch eine schräge Zahl –, aber sie konnte nur verwendet werden, um eine Null in der Mitte einer Zahl darzustellen.

𒁹 = 60 x 60 = 3600

𒁹 𒁹 = 3600 + 60 = 3660

𒁹 𒑲 𒁹 = 3600 + 0 + 1 = 3601

Sekunden und Minuten

Die Aufteilung einer Stunde in 60 Minuten und einer Minute in 60 Sekunden basiert auf dem babylonischen Zahlensystem, obwohl die Babylonier die Zeit nicht genau messen konnten. Ein Kreis hat 360 Grad. Diese Grade sind wiederum in 60 Minuten unterteilt und diese wiederum in 60 Sekunden. Es wäre jetzt, 4000 Jahre später, sehr schwierig, dieses Prinzip aus unseren Systemen zu löschen. Es drängt sich sogar in neue Systeme hinein, die jenseits der wildesten Vorstellungen der Babylonier liegen.

Das Ausmaß des beobachtbaren Universums wird in Gigaparsecs gemessen (siehe Seite 113). Die Definition des Parsecs beruht auf der Einteilung der Winkel in 360 Grad und den Unterteilungen von 60 Minuten und 60 Sekunden.

Warum 60?

60 ist eine nützliche Zahl für eine Basis, da sie viele Faktoren hat (2, 3, 4, 5, 6, 10, 12, 20, 30). Ein wichtiger Faktor ist 12 (60 = 12 x 5), und die Babylonier nutzten ihn auch ausgiebig. Was die Babylonier (und vor ihnen die Sumerer) begannen, setzten die alten Ägypter fort. Sie teilten den Tag in 12 Stunden – 12 am Tag und 12 in der Nacht. Die Stunden waren zu verschiedenen Jahreszeiten unterschiedlich lang, da die Zeit, in der es hell war, in 12 gleiche Teile gegliedert wurde und der Zeitraum, in dem es dunkel war, in weitere 12 Teile.

Es waren die Griechen, die zuerst daran dachten, Stunde n in gleiche Längen einzuteilen, aber das setzte sich erst im Mittelalter und nach dem Aufkommen der mechanischen Uhren durch. Für die Babylonier, die ziemlich nahe am Äquator waren, hatten die Stunden im Laufe des Jahres keine radikal unterschiedliche Länge. Wenn sie in Finnland gelebt hätten, hätten sie sich von Anfang an auf Gleichheit festgelegt. Minuten und Sekunden wurden im Jahr 1000 von dem arabischen Universalgelehrten Al-Biruni eingeführt. Die Sekunde wurde als $\frac{1}{86\,400}$ eines durchschnittlichen Sonnentages definiert. Es war jedoch nicht möglich, die Zeit zu diesem Zeitpunkt genau zu messen. Minuten und Sekunden waren für die meisten Menschen für viele weitere Jahrhunderte nicht relevant.

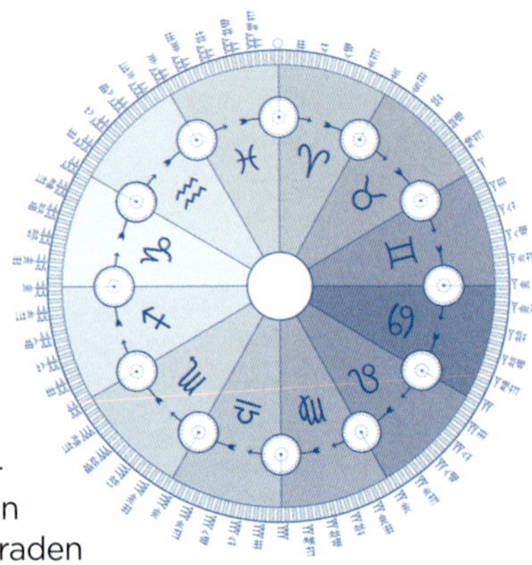

Zeit und Raum

Minuten und Sekunden werden verwendet, um sowohl Winkel in der Geometrie als auch Zeitintervalle zu messen. Die Verwendung für Winkel kam zuerst, und ihre Verbindung mit der Zeit kam von der Verwendung von zirkulären Zeitmessgeräten. Der griechische Astronom Eratosthenes (um 276–194 v. Chr.) teilte in einer frühen Version von Breitengraden einen Kreis in 60 Teile. Dieser hatte horizontale Linien, die durch bekannte Orte führten (allerdings auf einer viel kleineren bekannten Welt). Rund 100 Jahre später fügte Hipparchos ein System von Längengradlinien hinzu, das 360 Grad umfasste und von Norden nach Süden, von Pol zu Pol verlief. Etwa 250 Jahre später, um 150 n. Chr., teilte Ptolemäus die 360 Grad in kleinere Segmente auf. Jeder Grad wurde in 60 Teile gegliedert, von denen jeder wiederum in 60 kleinere Teile gegliedert wurde. Die Begriffe „Minute" und „Sekunde" stammen vom lateinischen *partes minutae primae* oder „erster sehr kleiner Teil" und *partes minutae secundae* oder „zweiter sehr kleiner Teil".

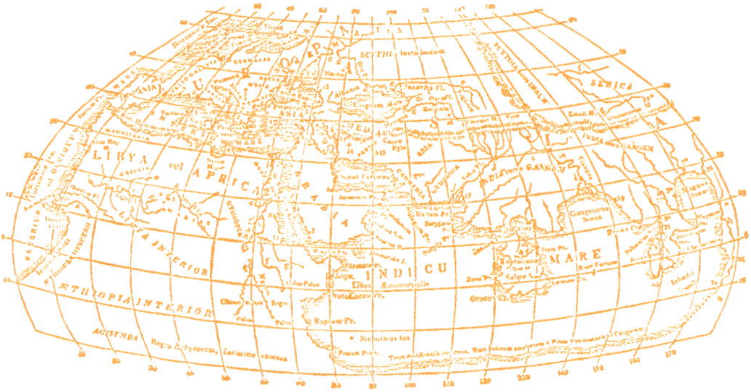

Halbe und Viertelstunden

Im 14. Jahrhundert sind Ziffernblätter in Stunden, nicht aber in Minuten unterteilt worden. Stunden wurden in Viertel und Hälften geteilt, worin die Tradition der Uhren, die in diesen Intervallen schlagen, ihren Ursprung hat. Die zuverlässige Messung von Minuten und deren Aufnahme auf Ziffernblättern ging mit der Erfindung des Pendels im Jahre 1690 einher. Da eine Uhr ein rundes Ziffernblatt hat und die Stunde bereits in vier Teile gegliedert war, bot es sich an, sie in 60 Minuten zu teilen. Das bedeutet, dass jede Minute 6 Grad beträgt und jede Sekunde 0,1 Grad, obwohl es ein sehr großes Ziffernblatt erfordern würde, um Sekunden leserlich markieren zu können.

Kapitel 7

Sind manche Zahlen zu groß?

Zahlen sind im Allgemeinen nützlich – aber manche sind zu groß, um irgendeinen praktischen Zweck zu erfüllen.

Als kleines Kind konnten Sie sicher noch nicht bis auf eine Million zählen. Sie gaben wahrscheinlich lange vorher auf. Wie lange würde es dauern? Wenn man eine Zahl pro Sekunde zählt und aufhört zu schlafen, zu essen oder sich in irgendeiner Weise auszuruhen, dauert es elfeinhalb Tage. Das ist nicht total unmöglich. Wenn Sie essen und schlafen und etwas weniger als die Hälfte der Zeit für Ihre Zahlenaufgabe gearbeitet haben, könnte man es in einem Monat schaffen. Waren Sie erfolgreich, könnten Sie es mit einer Milliarde versuchen. Das ist aber keine gute Idee, den mit der gleichen Geschwindigkeit von einer Zahl pro Sekunde, Tag und Nacht, würde es einunddreißig Jahre und achteinhalb Monate dauern. Wir begreifen den Unterschied zwischen großen Zahlen nie wirklich; es ist leicht zu vergessen, wie schnell sie sich ausweiten. Wenn Sie denken, auf eine Milliarde zu zählen wäre eine langweilige Art, 31 Jahre zu verbringen, was wäre dann mit einer Billion? Es würde mehr als 31700 Jahre dauern. Wenn Sie am Ende der letzten Eiszeit angefangen hätten, wäre noch

nicht mal ein Drittel des Weges geschafft, Sie wären gerade einmal bei rund 300 000 000 000.

An dem Tag, als ich dieses Kapitel schrieb, betrug die gesamte US-Staatsverschuldung etwas mehr als 18 Billionen Dollar. Lassen Sie uns so tun, als ob sich die Schulden vor 575 800 Jahren mit einem Kurs von 1 Dollar pro Sekunde und einem Zinssatz von null angesammelt hätten. Moderne Menschen hatten sich noch nicht entwickelt. Vielleicht hatte ein Glyptodon den ersten Dollar geliehen ...

Zeit			Verschuldung
Vor 575 800 Jahren	Glyptodon		1 Dollar
Vor 200 000 Jahren	Moderne Menschen		11,86 Billionen Dollar
Vor 15 000 Jahren	Menschen in Amerika		15 Billionen Dollar
Vor 9 650 Jahren	Mammuts sterben auf dem Festland aus		17,87 Billionen Dollar
Vor 4 485 Jahren	Pyramiden kamen in Ägypten auf		18,03 Billionen Dollar
450 n. Chr.	Ende des Römischen Reichs		18,12 Billionen Dollar
1620	Die Mayflower setzt die Segel		18,158 Billionen Dollar
1776	Die USA gewinnt ihre Unabhängigkeit		18,163 Billionen Dollar

Nun haben Sie eine Vorstellung davon, wie viele Billionen es sind, aber Billionen sind in der Tabelle der großen Zahlen niedrig.

Papier sparen

Lange Zahlen – sogar Milliarden, mit denen Ökonomen und Banker jeden Tag jonglieren – verbrauchen schnell Papier oder Bildschirmkapazität. Große Zahlen sind auch nicht sehr leicht zu lesen – man muss die Zahlen zählen, bevor man weiß, wie man die erste Nummer benennt. Es ist leicht zu sehen, dass es sich bei dieser Zahl um 2 Milliarden handelt:

2 000 000 000

Aber könnten Sie die folgende Zahl laut aussprechen, ohne zu stoppen, um die Ziffern zu zählen?

234 168 017 329 112

Das wissenschaftliche Zeichensystem erleichtert das Schreiben großer Zahlen. Anstatt 1 000 000 für eine Million zu schreiben, schreibt man 10^6 oder zehn hoch sechs. Das bedeutet einfach, dass man 10 sechsmal mit sich selbst multipliziert:

10 x 10 x 10 x 10 x 10 x 10

10 x 10 = 100

100 x 10 = 1000

1000 x 10 = 10 000

10 000 x 10 = 100 000

100 000 x 10 = 1 000 000

Also ist 10^6 eine 1, gefolgt von sechs Nullen. 10^9 ist eine Milliarde oder eine 1, gefolgt von neun Nullen. Und eine Billion ist 10^{12} – das ist viel einfacher zu lesen und zu schreiben als 1 000 000 000 000!

...illionen und ...illiarden

Eine Billion ist nicht annähernd das Ende der „...illionen“. Da gibt es noch:

Billiarde	**10^{15}**
Trillion	**10^{18}**
Trilliarde	**10^{21}**
Quadrillion	**10^{24}**
Quadrilliarde	**10^{27}**
Quintillion	**10^{30}**
Quintilliarde	**10^{33}**
Sextillion	**10^{36}**
Sextilliarde	**10^{39}**
Septillion	**10^{42}**
Septilliarde	**10^{45}**
Oktillion	**10^{48}**
Oktilliarde	**10^{51}**
Nonillion	**10^{54}**
Nonilliarde	**10^{57}**
Dezillion	**10^{60}**
Dezilliarde	**10^{63}**
Quinquagintilliarde	**10^{303}**

Wie hoch können Sie gehen?

Es gibt zwei berühmte Zahlen, die nicht in die ...illion-Sequenz fallen: Googol und Googolplex. Ein Googol ist eine 1 gefolgt von 100 Nullen. Zumindest können wir das schreiben:

**10 000 000 000 000 000 000 000 000 000
000 000 000 000 000 000 000 000
000 000 000 000 000 000 000 000
000 000 000 000 000 000 000
000 000**

Ein Googolplex ist eine unvorstellbar große Zahl: 10 hoch Googol wird 10^{googol} geschrieben.

Die Begriffe „Googol“ und „Googolplex“ wurden von Milton Sirotta, dem neunjährigen Neffen des amerikanischen Mathematikers Edward Kasner, erfunden. Er hat Googolplex ursprünglich als 1 beschrieben, gefolgt von so vielen Nullen, wie Sie schreiben könnten – wenn Sie die Aufgabe nicht vorher satt hätten.

Ein Googolplex ist so groß, dass das Drucken länger dauern würde, als die gesamte Geschichte des Universums und mehr als die gesamte Materie im Universum auszudrucken. Bei 10 Punkt (der Größe des Zeitschriftendrucks) wäre der Ausdruck auch 5 x 10^{68}-mal länger als die Weite des bekannten Universums.

In jedem Fall könnte ein Googolplex genauso ins Stocken geraten wie eine 1, gefolgt von der längsten Anzahl von Nullen, die Sie schreiben könnten, ohne müde zu werden, da es zumindest in diesem Universum eine völlig nutzlose Zahl ist. Selbst ein Googol ist größer, als es für praktische Zwecke benötigt wird. Die Anzahl der elementaren (d.h. subatomaren) Teilchen im Universum wird auf 10^{80} oder 10^{81} geschätzt. Da ein Googol 10 000 000 000 000 000 000-mal so groß ist wie die Anzahl der subatomaren Teilchen in 10 Trillionen Universen wie unserem, ist ein Googolplex wirklich ein bisschen zu viel.

Und als ob das noch nicht genug wäre ...

Einige Mathematiker haben es sich zur Aufgabe gemacht, Zahlen darzustellen, die selbst in wissenschaftlicher Notation ermüdend sind. Wenn Sie es satt haben, die sehr lange Anzahl von Potenzen aufzuschreiben, die Sie verwenden (wofür?), können Sie eine dieser Methoden ausprobieren. Die Notation des US-Mathematikers David Knuth benutzt ^, um Potenzen anzuzeigen. Der Ausdruck *n^m* bedeutet „erhöhe *n* auf die Potenz von *m*". Dieser wird häufig auf Computern verwendet (in Excel steht 10^6 beispielsweise für 10^6).

n^2 = n^2	**3^2 ist $3^2 = 3 \times 3 = 9$**
n^3 = n^3	**3^3 ist $3^3 = 3 \times 3 \times 3 = 27$**
n^4 = n^4	**3^4 ist $3^4 = 3 \times 3 \times 3 \times 3 = 81$**

Aber Knuth berechnet es wiederholt. Eine Verdoppelung des ^-Symbols zu ^^ n bedeutet „*n* auf die Potenz von *m* die folgende Anzahl von Malen erhöhen".

Während **3^3** das Gleiche wie **$3^3 = 27$** ist,
sind wir mit **3^^3** ist **3^(3^3) = 3^{27} = 7 625 597 484 987**
bereits bei Billionen angekommen.
Die Verdreifachung des ^-Symbols zu ^^^ führt schnell zu sehr großen Zahlen:
3^^^3 wird **3^^4** und das ist **3^3^3^3 = 3^3^{27} = $3^{7625597484987}$**

Die Zahlen werden schnell schwieriger zu lesen (sowie unvorstellbar groß). Man hat sich Möglichkeiten ausgedacht, um noch größere Zahlen zu schreiben – Zahlen, die Sie nie brauchen werden. Sie sehen nicht einmal wie Zahlen aus und werden mit einzelnen Ziffern in verschiedenen Formen wie Dreiecken und Quadraten geschrieben.

Jetzt können Sie es schaffen

Wir können uns immer größere Zahlen ausdenken. Was ist mit Grahams Zahl im Quadrat (siehe Kasten S. 60)? Oder 10 um die Potenz von Grahams Zahl? Es existiert kein Ende der Zahlen, die wir benennen können. Bedeutet das, dass sie in irgendeinem Sinn existieren?

Die größte Zahl überhaupt

Die größte Zahl, die in einem mathematischen Problem verwendet wurde, heißt Grahams Zahl. Sie ist so groß, dass es unmöglich ist, sie vernünftig auszuschreiben. Grahams Zahl wurde als obere Grenze einer möglichen Lösung eines Problems vorgeschlagen, aber Mathematiker denken, dass die wirkliche Antwort auf das Problem „6" sein könnte. Es sieht eher so aus, als ob die Mathematik es uns heimzahlen will und sagt: „Ach, was soll's. Sechs tut's auch."

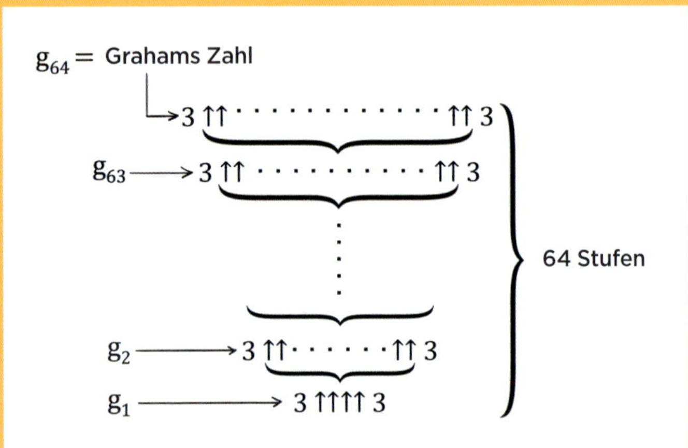

Kapitel 8

Was nützt die Unendlichkeit?

Wenn richtig große Zahlen effektiv nutzlos sind, wie viel nutzloser ist dann die Unendlichkeit?

Auf den ersten Blick scheint es, dass das Universum entweder unendlich oder begrenzt ist. Wenn es begrenzt ist, kann es sicher nichts Unendliches enthalten, oder? Doch, kann es. Aber zuerst sehen wir uns die Unendlichkeit etwas genauer an.

Unendliche Zahlen

Wenn man Leute fragt, was die Unendlichkeit ist, werden die meisten an den endlosen Strom von Zahlen denken, der mit 1 beginnt, oder vielleicht 0, und zu 1000000, durch Googol und sogar Googolplex zieht und sich noch erweitert. Wir können immer eine andere „1“ hinzufügen, immer eine 1 zu einer 9 ändern, die Zahl immer mit sich selbst multiplizieren – es gibt kein Ende. Das ist alles wahr, aber es gibt nicht nur eine Unendlichkeit von Zahlen, die bei 0 anfangen und nach oben gehen, es gibt auch eine Unendlichkeit von negativen Zahlen – das heißt Zahlen, die bei 0 beginnen und nach unten gehen.

Wie viele Unendlichkeiten gibt es?

Nur für den Fall, dass das nicht genug wäre, gibt es auch eine Unendlichkeit von Brüchen (1 über einem Googol usw.) und eine Unendlichkeit von Dezimalbrüchen (0,1, 0,11 usw.). Kaum sind Sie bei 0,11111, das in die Unendlichkeit zurückkehrt, und schon erkennen Sie, dass 0,121111 ins Unendliche gehen wird. So gibt es viele Unendlichkeiten bereits zwischen 0 und 1. Es gibt genauso viele Unendlichkeiten zwischen 1 und 2 sowie zwischen 0 und –1. Es gibt also eine Unendlichkeit von Unendlichkeiten.

Von 1000 bis zur Unendlichkeit

Bis 1655 wurde das Unendlichkeitssymbol ∞ als Alternative zu M verwendet, um Tausende in römischen Zahlen darzustellen. Seine Adaption als Symbol für die Unendlichkeit wurde von dem englischen Mathematiker John Wallis (1616–1703) vorgeschlagen.

Wie groß ist die Unendlichkeit?

Eine Frage, die neugierigen Kindern bekannt ist: Wie groß ist die Unendlichkeit? Sobald wir beginnen, über multiple (unendliche) Unendlichkeiten nachzudenken, erhält das eine neue Dimension der Komplexität. Der gesunde Menschenverstand besagt, dass die Unendlichkeit der geraden Zahlen halb so groß sein muss wie die Unendlichkeit aller ganzen Zahlen und gleich der Unendlichkeit der ungeraden Zahlen. Und doch setzen sie sich immer weiter fort. Es gibt eine Unendlichkeit zwischen jedem Zahlenpaar auf der Zahlenlinie und eine Unendlichkeit von Ziffern zwischen jeder irrationalen Zahl. Aber die Unendlichkeit zwischen 1 und 2 kann nicht die gleiche sein wie die zwischen der negativen und der positiven Unendlichkeit. Die erstaunliche Entdeckung, dass es größere und kleinere Unendlichkeiten gibt, wurde von Georg Cantor 1874 und 1891 demonstriert.

Überschaubare Unendlichkeiten

Wir neigen dazu, die Unendlichkeit so zu visualisieren, dass sie sich in die Leere erstreckt, sodass die Idee, dass eine Unendlichkeit enthalten sein kann - zum Beispiel zwischen 0 und 1 -, neu ist. Wenn Sie die Unendlichkeit zwischen 0 und 1 visualisieren, können Sie sich dennoch eine Reihe von Zahlen vorstellen, die sich in der Entfernung erstrecken. Das Limit wird nie erreicht. Eine greifbarere Unendlichkeit kann jedoch aus Brüchen gezogen werden. Ein Bruchteil ist ein unendlich replizierendes Muster, und es ist eine sichtbare oder visualisierbare Unendlichkeit. Ein klassisches Beispiel für einen Bruchteil ist die Kochsche Schneeflocke (Koch-Kurve).

Beginnen Sie mit dem Zeichnen eines gleichseitigen Dreiecks. Zeichnen Sie dann im mittleren Drittel jeder Seite des Dreiecks ein weiteres gleichseitiges Dreieck und verwenden Sie diesen Abschnitt als Basis. Radieren Sie die Basis aus und Sie erhalten einen Stern (Hexagramm im Mathematik-Jargon). Machen Sie dasselbe mit jedem kleineren Dreieck. Und so weiter und so weiter. Jedes Mal, wenn Sie eine neue Reihe von spitzen Dreiecken zeichnen, vergrößert sich der Umfang der Form um ein Drittel. (Denken Sie darüber nach - Sie radieren ein Drittel einer Seite aus und addieren die gleiche Länge zweimal; eine Seite der neuen Spitze hebt das entfernte Stück auf, und das andere Stück ist ein brandneues Stück Umfang mit einem Drittel der Länge von einer Seite.)

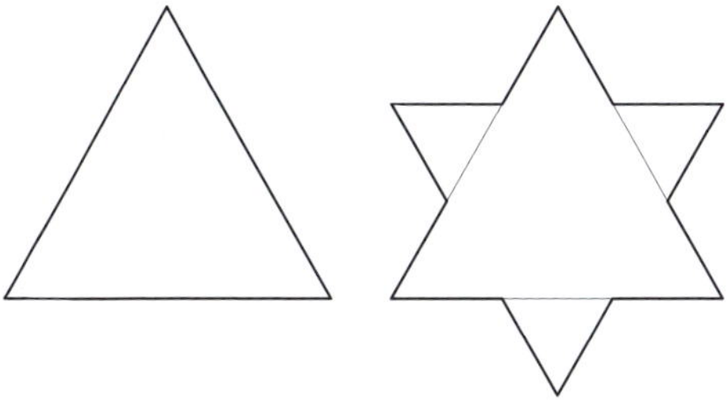

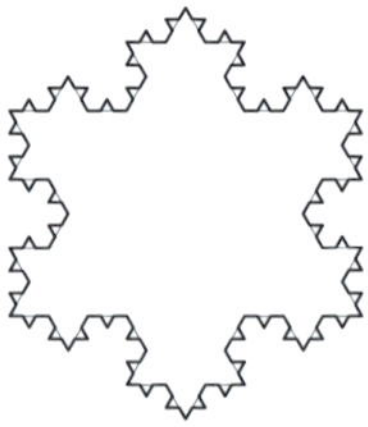

Es ist klar, dass der Umfang immer größer werden wird, denn obwohl jeder Abschnitt kleiner und kleiner ist, gibt es immer mehr davon. Wenn die Länge einer ursprünglichen Seite *s* ist und die Anzahl der Wiederholungen *n*, ist der Gesamtumfang (P) durch den Ausdruck gegeben:

$$P = 3s \times (4/3)^n$$

Wenn *n* zunimmt, tendiert der Umfang zur Unendlichkeit (weil 4/3 größer als 1 ist und so $(4/3)^n$ immer größer wird). Die Fläche, die von jedem neuen Dreieck eingeschlossen wird, erhöht sich um ein Neuntel der Zunahme, die durch das vorhergehende neue Dreieck hinzugefügt wurde. Dies bedeutet, wenn das erste Dreieck eine Fläche von 9 cm^2 hat, dass jeder Zacken des Sterns 9 ÷ 9 = 1 cm^2 haben wird, und es gibt drei neue Zacken, sodass der ganze

Finden Sie die Formel

Die Formel für ein anfängliches Dreieck mit der Fläche a_0 (schließen Sie Ihre Augen, wenn Sie Formeln nicht mögen):

$$A_n = a_0\left(1 + \frac{3}{5}\left(1 - \left(\frac{4}{9}\right)^n\right)\right)$$

$$= a_0\left(8 - 3\left(\frac{4}{9}\right)^n\right)$$

Da 4/9 kleiner als 1 ist, wird $(4/9)^n$ immer kleiner, sodass der Bereich eine endliche Grenze erreicht. Tatsächlich bewegt diese sich zu 8/5 in Richtung der Fläche des ursprünglichen Dreiecks.

Stern die Fläche 9 + 3 = 12 cm^2 hat. Bei der ersten Schneeflockenform fügt jedes neue Dreieck 1 ÷ 9 = $\frac{1}{9}$ cm^2 hinzu und es gibt 12, sodass die gesamte Schneeflocke eine Fläche von **$12 + (12 \times \frac{1}{9}) = 12 + 1\frac{3}{9}$ $= 13\frac{1}{3}$ cm^2** hat.

Es gibt viele andere Entwürfe von Kurven, einer der bekanntesten ist die Mandelbrot-Menge, abgeleitet von einer komplexen Reihe von Zahlen. Kurven oder Beinahe-Kurven sind auch in der Natur üblich und treten in Strukturen auf, die von der maximalen Oberfläche für ein begrenztes Volumen profitieren. Beispiele sind die Strukturen von Blutgefäßen oder Baumwurzeln, die Verzweigung von Luftzellen der Lunge, die Strukturen von Flussdeltas, Bergen und sogar Blitzen.

Begrenzte Unendlichkeiten

Obwohl diese Muster theoretisch bis ins Unendliche wiederholt werden können, kommt das natürlich in der Natur nicht vor. Irgendwann würden wir die begrenzende Größe von Molekülen erreichen und nicht in der Lage sein, ein Muster zu wiederholen. Sie beschreiben einen Prozess oder eine Serie, die unendlich erweitert werden könnten, aber – soweit wir wissen – gibt es nichts, was tatsächlich unendlich ist. Trotzdem kann das Unendliche und das unendlich Kleine ein nützliches Konzept in der Mathematik sein, wie wir in Kapitel 26 sehen werden.

Kapitel 9

Sind Statistiken Lügen, verdammte Lügen oder Schlimmeres?

Wir sollten verlässlichen Statistiken vertrauen können, aber die Art und Weise, wie sie präsentiert werden, ist oft manipulierbar.

Die Medien sind voll von Statistiken, von denen viele so zusammengestellt sind, dass sie uns dazu bringen, einen bestimmten Standpunkt einzunehmen. Man kann es vermeiden, manipuliert zu werden, wenn man nicht nur versteht, was die Statistik eigentlich bedeutet, sondern auch, wie wir zu den Zahlen kommen. Hierbei ist die Psychologie ebenso involviert wie die Mathematik.

Möglichkeiten, Statistiken zu betrachten

Es gibt viele Möglichkeiten, die gleichen Dinge über Zahlen auszusagen, aber wir reagieren nicht in der gleichen Weise darauf. Journalisten, Werbetreibende und Politiker können uns durch die Art und Weise, wie sie Zahlen präsentieren, zu einer bestimmten Interpretation anstoßen. Sie können dies auf verschiedene Arten tun.

Entscheiden Sie sich für das Große!

All das hat die gleiche Bedeutung:

- 1 von 5
- 0,2 Wahrscheinlichkeit
- 20 %ige Chance
- 2 aus 10
- 5 : 1 Gewinnchance
- 10 von 50
- 20 pro 100
- 200 000 pro Million

Trotzdem neigen wir dazu, anders darauf zu reagieren. 200 000 in einer Million klingt sofort mehr, weil die erste Zahl, die wir lesen, groß ist. In der Tat, 20 pro 100 klingt nach mehr als 2 aus 10, weil 2 eine kleine Zahl für uns ist. Das ist ein gut dokumentierter Befund, genannt *ratio bias*. Es kann sogar dazu führen, dass Menschen eine geringere Gewinnwahrscheinlichkeit wählen. Das folgende Experiment zeigt den *ratio bias* gut. Den Menschen werden zwei Schalen mit Glasperlen präsentiert, die wie folgt zusammengesetzt sind:

- eine Schale mit 10 Perlen, davon 9 weiß und 1 rot
- eine Schale mit 100 Perlen, davon 92 weiß und 8 rot

Ihnen wird gesagt, dass sie auf gut Glück eine rote Perle ziehen sollen, und das mit verbundenen Augen. Welche Schale sollten sie also wählen, um ihre Chancen auf eine rote Perle zu erhöhen? Bei diesem Test wählen 53 % der Menschen die Schale mit den 100 Perlen.

Das ist die falsche Wahl: Die Wahrscheinlichkeit, eine rote Perle aus der ersten Schale zu ziehen, beträgt 10% (10 von 100 oder 1 von 10), aber in der zweiten Schale beträgt die Wahrscheinlichkeit nur 8% (8 von 100). Die Tatsache, dass es in der zweiten Schale mehr rote Perlen gibt, scheint darauf hinzudeuten, dass die Chance größer ist, eine rote Perle zu ziehen, und dies spricht manche Menschen an. Sie ignorieren völlig die Tatsache, dass es auch mehr – unverhältnismäßig mehr – Chancen gibt, eine weiße Perle zu wählen. Die Chancen, eine rote Perle aus der Schale mit insgesamt 100 Perlen zu ziehen, sind geringer als die Chancen, eine rote Perle aus der anderen Schale zu ziehen. Es scheint, dass die Hälfte der Testpersonen nicht wusste, wie sie ihre Chancen auf eine rote Perle erhöhen.

Hohe Zahlen wirken stärker

Die meisten Leute halten große Zahlen für wichtiger als kleinere. Eine Auswahl von Personen, die gebeten wurden, ihre Wahrnehmung der Schwere von Krebs als Gesundheitsrisiko zu bewerten, wurde in zwei Gruppen aufgeteilt. Diejenigen, denen gesagt wurde, dass 36 500 Menschen pro Jahr an Krebs gestorben sind, sahen dies als ein größeres Risiko an als diejenigen, denen man sagte, dass 100 Menschen pro Tag an Krebs sterben. Tatsächlich waren die Probanden in einer anderen Studie alarmierter, wenn man ihnen sagte, dass 1286 von 10 000 Menschen an Krebs sterben, als wenn man sagte, dass Krebs 24 von 100 Menschen tötet, obwohl das zweite Risiko fast doppelt so hoch ist wie das erste (24% im Gegensatz zu 12,9%).

Diese Verzerrungen können Menschen zu gefährlichen Entscheidungen veranlassen. Auf die Frage, ob sie sich für eine Behandlungsoption mit einem bekannten Todesrisiko entscheiden würden, waren die Antworten der Patienten davon abhängig, wie die Zahlen dargestellt wurden. Wenn die Anzahl der Todesfälle bei früheren Patienten als eine Rate pro 100 Patienten angezeigt wurde, duldeten die Probanden ein viel höheres Risiko als bei einer Todesfallrate pro 1000 Patienten.

Potenzielle Patienten würden eine Todesrate von bis zu 37,1 % im ersten Fall, aber nur bis zu 17,6 % im zweiten Fall akzeptieren. Die größere Zahl (176 gegen 37) blendete sie in Bezug auf das niedrigere Risikoniveau.

Schau nicht drunter

Wenn gefragt wird, welche von mehreren Bruchzahlen größer ist, tendieren die Leute dazu, nur den Zähler (die Nummer über dem Bruch) zu vergleichen und den Nenner (die Zahl darunter) zu ignorieren. Deshalb ziehen Menschen eine Wahrscheinlichkeit von $\frac{8}{100}$ einer von $\frac{1}{10}$ vor, wenn sie die Perlen auswählen. Die Gesamtanzahl in dieser Hinsicht völlig zu vernachlässigen, heißt Nenner-Vernachlässigung. Wenn Sie kommerziell interessiert sind, können Sie dies zu Ihrem Vorteil nutzen. Stellen Sie sich vor, Sie veranstalten ein Fest, um Geld für eine Wohltätigkeitsorganisation zu sammeln, und möchten die Leute dazu überreden, für einen Sieg in einem Spiel zu bezahlen. Hier können Sie die Nenner-Vernachlässigung nutzen, um Leute zu ermutigen, in Spielen zu spielen, die eine geringere Erfolgschance haben, aber so aussehen, als hätten sie eine höhere Erfolgschance.

Anstatt zu sagen „1 von 10 gewinnt einen Preis“, erhalten Sie mehr Teilnehmer mit „8 von 100 gewinnen einen Preis!“ (Das Hinzufügen des „!“ ist nicht mathematisch, aber es hilft, weil es den Leser dazu bringt, überrascht oder beeindruckt zu sein.)

Was sagen sie nicht?

Eine andere Art und Weise, wie Politiker, Werber und Journalisten unser Denken über Zahlen manipulieren, ist eine sorgfältige Auswahl und Ausdrucksweise. Versuchen Sie, jeden Satz umzukehren, der Zahlen verwendet, und sehen Sie, was er wirklich bedeutet:

- **30 % der Menschen sind unter dieser Regierung schlechter gestellt = 70 % haben unter dieser Regierung einen mindestens genauso hohen Lebensstandard wie unter der vorhergehenden.**
- **1 von 4 Laptops geht innerhalb von 24 Monaten kaputt = 3 von 4 Laptops arbeiten noch nach 24 Monaten.**
- **30 von 50 Einwohnern werden über 70 Jahre alt = 40 % der Einwohner sterben, bevor sie 70 sind.**

Durch die Auswahl, auf welche Hälfte eines mathematischen Zustands sich die Aufmerksamkeit richtet, kann der Präsentator uns zu einer positiven oder negativen Sichtweise ermutigen. Er kann diesen Effekt verstärken, indem er eine Präsentationsmethode wählt, die es schwieriger macht, die andere Seite der Geschichte zu sehen. Wenn das letzte Beispiel – 30 von 50 Einwohnern, die über 70 Jahre alt sind – als „60 % der Einwohner werden über 70 Jahre alt" angegeben würde, könnten wir auf einen Blick sehen, dass 40 % davon vor diesem Alter sterben. Aber 30 ist eine große Zahl, und wir müssen die Mathematik betrachten (50 – 30, dann rechnen wir 20 in einen Prozentsatz um), um den wahren Zustand der Dinge zu sehen. Wir sind in der Regel faul, wenn wir mit komplexen Zahlen konfrontiert werden und die Dinge für bare Münze nehmen. Wenn wir etwas berechnen müssen, sogar leicht zu Kalkulierendes, neigen wir dazu, uns keine Mühe zu geben.

Suchen Sie nach dem Kontext

Ein weiterer Trick besteht darin, eine eigene Statistik aufzustellen. Zahlen außerhalb des Kontextes sind ziemlich bedeutungslos. Wenn Sie lesen, dass 20 Schüler in einer Schule wegen Drogenmissbrauchs suspendiert wurden, klingt das ziemlich schlecht. Aber es ist viel schlimmer, wenn die Schule 800 Schüler hat, als wenn es 2000 Schüler sind. Wenn 20 Schüler in einer Schule mit 2000 Schülern Drogen nehmen, bedeutet das, dass 99 % der Schüler keine Drogen nehmen. Das ist jedoch keine Schlagzeile wert. „Die Chancen stehen eine Million zu eins, dass ..."

ist eine ziemlich übliche Möglichkeit für die Medien zu sagen, dass etwas sehr unwahrscheinlich ist. Streng genommen ist es in einem bestimmten Fall unwahrscheinlich, aber wenn es viele Instanzen gibt, ist es insgesamt nicht unwahrscheinlich. Wenn die Wahrscheinlichkeit, dass ein afrikanischer Elefant als Albino geboren wird, eins zu einer Million steht, würden wir wahrscheinlich niemals einen sehen, wenn wir Afrika besuchen würden. Wenn die Wahrscheinlichkeit, dass eine Ameise Albino ist, eins zu einer Million ist, wäre es ziemlich überraschend, wenn wir nicht wenigstens eine sehen würden, würden wir ein paar Ameisenhaufen umdrehen.

Äpfel und Birnen

Es ist schwierig, die Statistiken auf einen Blick zu vergleichen, wenn die Zahlen unterschiedlich dargestellt werden. Medienberichte tun dies oft - möglicherweise, um uns zu verwirren, aber möglicherweise nur, weil der Journalist denkt, dass es ein bisschen abwechslungsreicher aussieht. Der Vergleich von Informationen aus verschiedenen Quellen verursacht oft dieses Problem - der Journalist sollte sie vergleichbar machen. Zum

Beispiel ist es schwer, Nachrichten zu verstehen, die besagen, dass 2 von 10 Menschen genügend Bewegung ausüben, um ihr Risiko für Herzerkrankungen um 30 % zu reduzieren, und ein weiteres Drittel der Menschen genug Sport treibt, um ihr Risiko um 15 % zu senken. Es fordert uns auf, auf drei verschiedene Arten über Zahlen nachzudenken: 2 von 10, ein Drittel, Prozent. Die Daten wären viel klarer, wenn die Zahlen alle in Prozentsätze umgerechnet würden: 20 % der Menschen bewegen sich genug, um ihr Risiko um 30 % zu reduzieren, und weitere 33% verringern ihr Risiko um 15 %. Dies macht es auch einfach zu sehen, dass 47 % der Menschen nicht genug Sport treiben:

100 - (20 + 33) = 100 - 53 = 47

Vergleichen und gegenüberstellen

Stellen Sie sich vor, Sie schauen online nach Berichten über Erkältungsmittel und sollen am Ende zwischen zweien wählen. Die Beurteilung für Medikament A hat 3,5 von 5 Sternen. Die Beurteilung für Medikament B behauptet, zwei Drittel der Menschen, die es einnahmen, fühlten sich besser. Welches sollte man wählen? Um Zahlen richtig zu vergleichen, müssen Sie sie in das gleiche Format bringen. Hier könnten wir beide zum gleichen Bruchtyp ändern oder beide in Prozentsätze umrechnen.

Als Brüche:

$\frac{3,5}{5}$ und $\frac{2}{3}$

Der kleinste Bruchteil, den wir hier leicht verwenden können, ist der 15. (multipliziert mit den Nennern, 5 x 3 ergibt 15). Um sie in 15er-Brüche zu konvertieren, machen Sie Folgendes:

$\frac{3,5}{5}$ x $\frac{3}{3}$) = $\frac{10,5}{15}$ und $\frac{2}{3}$ x $\frac{5}{5}$ = $\frac{10}{15}$

Jetzt ist es leicht zu erkennen, dass die 3,5-Sterne-Bewertung eine etwas bessere Bestätigung ist.

Kapitel 10

Ist das aussagekräftig?

Zeigen die Zahlen und Fakten wirklich, was sie behaupten zu zeigen?

Statistiken haben eine Autorität und Menschen werden leicht von ihnen beeinflusst. Sie wirken wie Beweise, auch wenn sie nichts beweisen.

Nützlich oder nicht?

Statistiker müssen wissen, ob die durch Forschung, Studien, Umfragen oder was auch immer erzeugten Fakten und Zahlen „signifikant“ sind. Mit anderen Worten, liefern sie nützliche Informationen, auf die Menschen reagieren können, oder könnte das Ergebnis zufällig oder durch Fehler bei der Auswahl der Stichprobe entstehen? Im Allgemeinen wird angenommen, dass wissenschaftliche Studien ein signifikantes Ergebnis gefunden haben, wenn die Wahrscheinlichkeit (*p*), dass ein Ergebnis zufällig oder fehlerhaft sein könnte, kleiner als 1 von 20 ist:

$p < 0,05$

Wenn *p* für die Wahrscheinlichkeit steht, bedeutet eine Wahrscheinlichkeit von 1, dass etwas absolut sicher ist: Es gibt eine Wahrscheinlichkeit von 1, dass Sie leben, wenn Sie dieses Buch lesen. Eine Wahrscheinlichkeit von 0 bedeutet, dass etwas definitiv nicht passiert. Es gibt eine Wahrscheinlichkeit von 0, dass Ihre Kopie dieses Buches auf Wasser gedruckt wird. Die Wahrscheinlichkeit $p < 0{,}05$ ist ziemlich seltsam definiert. Es ist eine 5%ige Chance, dass die „Null-Hypothese“ wahr ist, und die Null-Hypothese besagt, dass es keinen Effekt gibt. Dies bedeutet, dass, solange die Wahrscheinlichkeit, dass die Ergebnisse ein Zufall sind, weniger als 5% beträgt, die Statistik gut ist. Die 5-%-Marke wird oft auch verwendet, um Ausreißer zu ignorieren. Die Kurve im Bild zeigt die übliche – oder normale – Verteilung der Ergebnisse (mehr dazu in Kapitel 14). Die Ergebnisse, die allgemein als gültig gelten und in die Weiterverarbeitung einbezogen werden können, sind solche, die in den 95% in der Mitte liegen. In einigen Studien sind präzisere oder strengere Signifikanztests erforderlich, um den Nachweis des zu bestätigenden Higgs-Bosons (eine Art subatomares Teilchen) zu erbringen, das beispielsweise auf etwa 1 zu 3,5 Millionen oder $p < 2{,}86 \times 10^{-7}$ festgelegt ist.

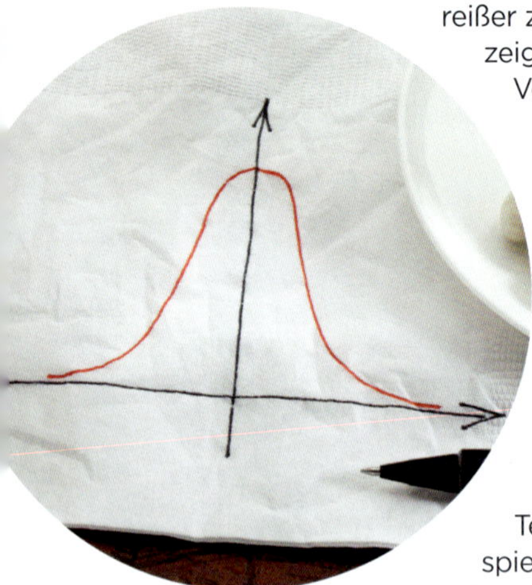

Kein Effekt? Oder nicht wichtig?

Wenn eine Studie feststellt, dass es kein „statistisch signifikantes“ Ergebnis gibt, bedeutet das nicht unbedingt, dass es keinen Effekt gibt. Es ist wichtig, auch die Größe der Probe und den Aufbau der Studie zu betrachten.

Eine klein angelegte Studie könnte wohl keinen Effekt aufzeigen. Die Zeitskala könnte zu kurz oder die Stichprobengröße zu klein sein.

Alle Schwäne sind weiß – oder etwa nicht?

Vor langer Zeit dachten die Europäer, dass alle Schwäne weiß seien, weil sie nie einen schwarzen Schwan gesehen hatten. Die Stichprobengröße war riesig - so ziemlich alle Schwäne in Europa. Aber Sie müssen nur einen schwarzen Schwan sehen, um diese Theorie zu widerlegen. Der in Wien geborene britische Philosoph Karl Popper (1902–1994) entwickelte eine Definition von Wissenschaft, nach der Theorien widerlegbar sein müssen. Die Theorie, dass alle Schwäne weiß sind, ist widerlegbar (indem man einen nicht-weißen Schwan sieht). Aber sie ist nicht nachweisbar. Wir können nicht beweisen, dass sie korrekt ist, ohne alle Schwäne in der Welt durch alle Zeit zu beobachten. Deshalb kann man kein Negativ beweisen. Nur weil man etwas nicht gesehen hat, heißt das nicht, dass es nicht existiert. Aus diesem Grund ist das Gegenteil der vorgeschlagenen Idee - die Null-Hypothese in diesen Beispielen - ein wichtiger Test.

Das muss zum Beispiel bei Medikamentenversuchen berücksichtigt werden. Eine Studie mit nur 20 Probanden wird nicht in der Lage sein, etwas aufzuzeigen, das nur 2% der Probanden betrifft - entweder scheint es keinen oder 1 (oder mehr) der 20 zu beeinflussen, also 5% oder mehr.

Korrelation und Kausalität

Nachrichten stellen oft Verbindungen zwischen Verhalten und Ereignissen her, was darauf hindeutet, dass das eine das andere verursacht. Wir könnten lesen, dass Menschen, die einen Fahrradhelm tragen, weniger wahrscheinlich bei einem Fahrradunfall schwere Kopfverletzungen erleiden. Die Annahme ist, dass der Fahrradhelm sie schützt, und das ist sehr wahrscheinlich zutreffend. Es ist aber auch möglich, zwei Mengen von

Zahlen zu präsentieren, um eine Verbindung vorzuschlagen, die möglicherweise nicht existiert oder die sich von der impliziten Verbindung unterscheidet. Zum Beispiel sind in den letzten fünf Jahren sowohl die Kaufzahlen für Zeitungen als auch die Mordraten gefallen. Es gibt hier eine Korrelation – die Muster sind ähnlich. Wenn man jedoch die Figuren nebeneinander präsentiert, könnte das nahelegen, dass beide miteinander verwandt sind – bewirkt der Kauf einer Zeitung bei den Menschen eine mörderische Wut? Wahrscheinlich nicht. Es gibt eine Korrelation, aber keine Kausalität: Das eine verursacht nicht das andere. Im Winter steigt der Verkauf von Schlitten und der Verkauf von Speiseeis sinkt. Hier gibt es eine Verbindung, allerdings keine direkte: Beide Faktoren sind mit dem Wetter verbunden, aber nicht miteinander. Hüten Sie sich vor Grafiken und Tabellen von Statistiken, die auf eine Verbindung zwischen zwei Phänomenen hindeuten – es könnte eine Verbindung geben, aber es könnten auch andere Faktoren im Spiel sein, die verwirrenden Variablen, die beides verbinden. Im Falle von Schlitten und Eiscreme ist das Wetter die verwirrende Variable – in einigen Fällen könnte es sogar nur Zufall sein.

Wahrscheinlich nicht ...

Es gibt Korrelationen zwischen:

- **dem Verkauf von Bio-Lebensmitteln und Diagnosen von Autismus**
- **der Nutzung von Facebook und der griechischen Schuldenkrise**
- **dem Import von Zitronen aus Mexiko und der Todesrate auf amerikanischen Straßen – das ist eine umgekehrte Korrelation: Die Todesfälle gehen zurück, wenn der Zitronenimport steigt.**
- **dem Rückgang der Piratenzahlen und der Zunahme der globalen Erwärmung – das ist auch eine umgekehrte Korrelation: Haben Piraten die globale Erwärmung verhindert?**

www.buzzfeed.com/kjh2110/the-10most-bizarre-correlations

Kapitel 11

Wie groß ist ein Planet?

Was, wenn Sie plötzlich auf einem anderen Planeten gestrandet sind? Könnten Sie herausfinden, wie groß er ist?

Das ist natürlich nicht Ihre erste Sorge, aber nehmen Sie sich einen Moment Zeit ... Wie misst man die Größe von etwas, das zu groß ist, um es abzulaufen?

Rund oder flach?

Entgegen der populären Legende haben nur sehr wenige Leute jemals gedacht, dass die Erde flach sei. Die einfache Tatsache, dass Sie etwas am Horizont sehen können, zeigt, dass sie nicht flach sein kann. Jemand, der an einer Meeresküste steht und zusieht, wie sich ein Schiff nähert, kann sehen, dass der Mast – der höchste Teil – zuerst erscheint und dann der Rest des Schiffes langsam hervorkommt. Das kann nur passieren, wenn die Erdoberfläche gekrümmt ist. Wenn die Erde flach wäre, würde ein entferntes Objekt immer noch klein erscheinen, aber seine volle Höhe wäre sofort sichtbar und nur seine Größe würde zunehmen, wenn es sich näherte. Sie müssen nicht einmal in der Nähe des Meeres sein, da dieser fremde Planet kein Meer oder irgendwelche Schiffe haben könnte.

Die Tatsache, dass Sie von einem hohen Aussichtspunkt weiter sehen können als von einem tiefen Punkt aus, zeigt auch, dass die Oberfläche der Erde gekrümmt ist.

Wo ist der Horizont?

Wenn Sie auf einer flachen Ebene oder auf Meereshöhe mit Blick auf das Meer stehen, beträgt die Entfernung, die Sie auf gleicher Höhe (auf der Erde) am weitesten sehen können, 3,2 km.

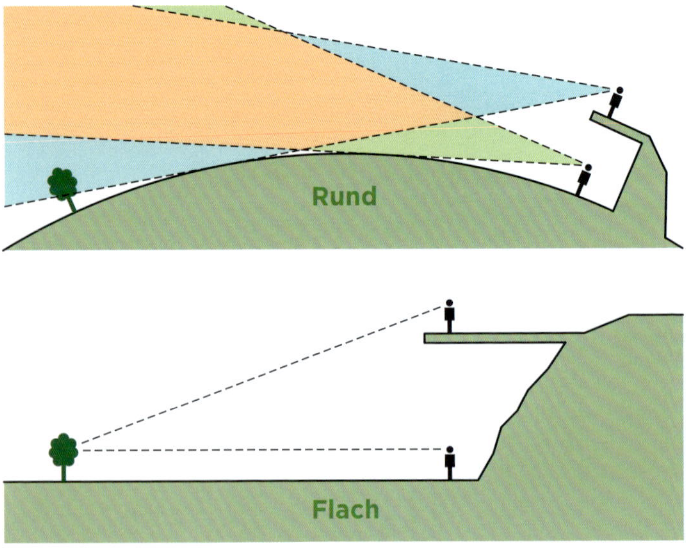

Rundherum

Die Größe der Erde beschäftigte die Menschen lange bevor sie über gute Technologien zur Messung verfügten. Der altgriechische Philosoph Eratosthenes war die erste bekannte Person, die versucht hat, den Umfang der Erde zu berechnen. Er lebte in Alexandria, Ägypten, und führte seine Berechnung um 240 v. Chr. durch. Eratosthenes wusste, dass in der nahe gelegenen Stadt Syene ein Brunnen war, der, wenn er mittags zur Sommersonnenwende hineinschaute, keinen Schatten am Grund hatte.

Wie weit kannst du sehen?

Die menschlichen Augen sind ziemlich gut in dem, was sie tun. Wenn Sie hoch genug stehen, so dass die Krümmung der Erde kein Problem ist, können Sie eine Kerzenflamme in 16 km Entfernung sehen. Der einzige Grund, warum Sie es nicht weiter weg sehen können, ist, dass es nicht hell genug ist. Denn Sie können die Sonne sehen, und die ist ungefähr 150 Millionen km entfernt. Wenn man in den Weltraum starrt, ist das Entfernteste, was man in einer klaren Nacht ohne Teleskop sehen kann, wahrscheinlich die Andromeda-Galaxie, die 2,5 Millionen Lichtjahre entfernt ist – oder etwa $2{,}4 \times 10^{16}$ km.

Wenn es keinen Schatten gab, bedeutete das, dass die Sonne direkt über ihm stand und so direkt in den Brunnen scheinen konnte. Er wusste auch, dass es mittags an diesem Tag keine Schattenzeit im Brunnen seiner eigenen Stadt gab. (Weil Alexandria weiter nördlich als Syene liegt.)

Eratosthenes erkannte, dass er, wenn er den Schatten in Alexandria mit dem Mangel an Schatten in Syene vergleichen würde, den Umfang der Erde berechnen könnte. Er maß den Winkel zwischen einem hohen Turm in Alexandria und dem Rand seines Schattens gegen Mittag (als er wusste, dass es in Syene keinen Schatten geben würde).

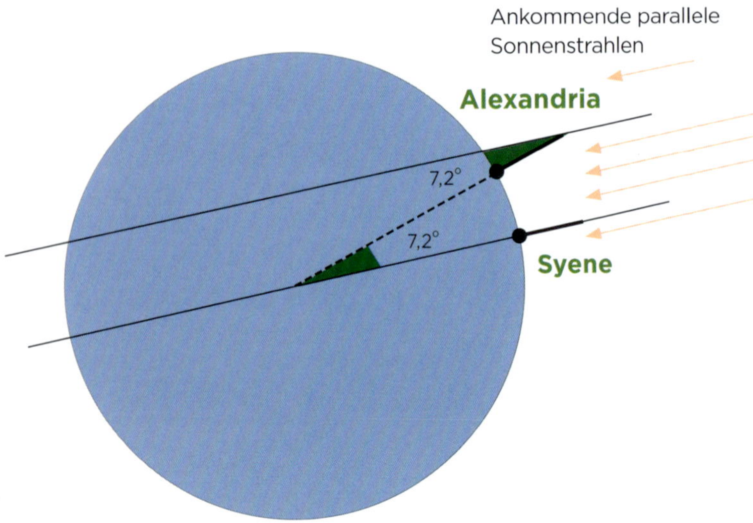

Der Winkel betrug 7,2 Grad. Er wusste, dass, wenn eine Linie zwei parallele Linien kreuzt, der Innenwinkel auf jeder Seite gleich ist. Die Strahlen der Sonne sind in jeder Hinsicht parallel, da sie so weit entfernt sind. Das bedeutet, dass der Winkel in der Mitte der Erde (die er für kugelförmig hielt) zwischen den Linien, die von Syene nach Alexandria gezogen wurde, derselbe wäre wie der Winkel des vom Turm geworfenen Schattens.
Das Verhältnis

ganzer Kreis : gemessene Winkel

wäre das gleiche wie das Verhältnis

Erdumfang : Distanz zwischen Syene und Alexandria

Eratosthenes kannte die Entfernung zwischen den beiden Städten. Leider wissen wir nicht genau, woher er das wusste – er spricht von 5000 „Stadien“, aber wir wissen nicht genau, wie lange ein „Stadion“ war.

Glücklicherweise repräsentieren 7,2 Grad $\frac{1}{50}$ eines Kreises (360 ÷ 7,2 = 50). Dies ergab einen Umfang von 5000 x 50 = 250 000 Stadien. Eratosthenes könnte bis auf etwa 1% des wahren Umfangs richtig gelegen haben, oder, wenn er ein anderes Maß eines Stadions verwendet hat, hätte er vielleicht zu 16 % daneben gelegen. Trotzdem ist es ziemlich gut. Mit seiner Berechnung des Winkels und der tatsächlichen Entfernung zwischen den Städten, 800 km, erhalten wir die Antwort für den Umfang:

50 x 800 km = 40 000 km

Der tatsächliche Umfang der Erde beträgt 40 075 km.

Gestrandet

Wenn Sie also auf einem anderen Planeten gestrandet wären, hätten Sie zwei Möglichkeiten, seine Größe herauszufinden. Um Eratosthenes' Methode zu nutzen, müssten Sie einen Ort finden, an dem die Sonne mittags keinen Schatten wirft, und in überschaubarer Entfernung einen Ort, an dem sie mittags einen Schatten wirft; dann müssten Sie den Winkel des Schattens messen, wie er es tat. Natürlich hätten Sie vielleicht keinen Winkelmesser dabei, also könnte diese Methode schwierig sein. Eine alternative Methode wäre, die Entfernung zum Horizont zu messen.

Um die Distanz-zum-Horizont-Methode zu verwenden, müssten Sie, vielleicht durch Ablaufen, messen, wie weit Sie sich von einem Objekt entfernen können, bevor es über dem Horizont verschwindet. Es gibt eine Gleichung, mit der Sie herausfinden können, wie weit Sie auf verschiedenen Höhen sehen können:

$$\mathbf{d^2 = (r + h)^2 - r^2}$$

d ist die Entfernung, die Sie sehen können, *r* der Radius der Erde, und *h* ist die Entfernung von Ihren Augen zum Boden (alle Entfernungen in den gleichen Einheiten).

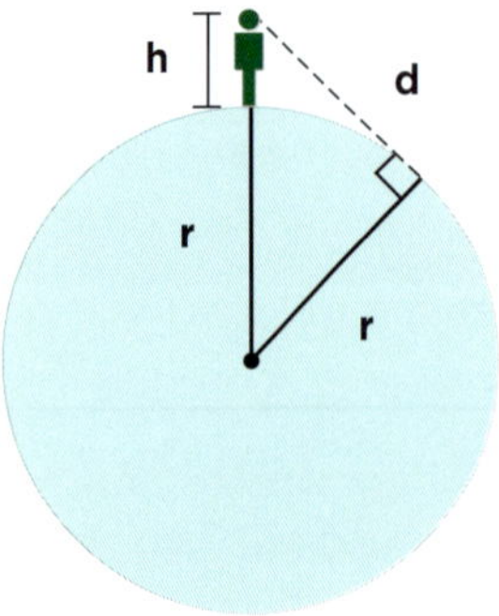

Verwenden wir den Satz von Pythagoras, der besagt, dass das Quadrat auf der Hypotenuse eines rechtwinkligen Dreiecks gleich dem Quadrat auf den anderen beiden Seiten ist, welche addiert werden (siehe Seite 46). Damit können Sie den Wert von *r* (Radius des Planeten) berechnen.

Erweiterung

$\mathbf{d^2 =}$
$\mathbf{(r + h)^2 - r^2 =}$
$\mathbf{r^2 + 2hr + h^2 - r^2 =}$
$\mathbf{2hr + h^2}$

Wenn Sie etwas 10 km Entferntes sehen könnten, während Ihre eigene Augenhöhe 1,5 m beträgt, wäre:

$\mathbf{10^2 = 2 \times 0{,}0015r + 1{,}5^2}$
$\mathbf{100 = 0{,}003r + 2{,}25}$
$\mathbf{100 - 2{,}25 = 0{,}003r}$
$\mathbf{97{,}75 = 0{,}003r}$
$\mathbf{3258 = r}$

Danach müssten Sie den Umfang ausarbeiten, $2 \pi r$:

$\mathbf{2 \times \pi \times 3258 = 20\,473}$ **km**

Brechen Sie besser nicht auf, um diesen Planeten zu umrunden!

Kapitel 12

Wie gerade ist eine Linie?

Die kürzeste Route von A nach B ist sicherlich eine Linie – aber ist es eine gerade Linie?

Es ist ziemlich offensichtlich, dass in einer flachen Ebene der kürzeste Weg zwischen zwei Punkten eine gerade Linie ist. Es ist möglich, das mathematisch zu beweisen, aber der Beweis, unter Verwendung der Differenzialrechnung (siehe Kapitel 26), ist ein bisschen zu lang und mühsam für dieses Buch.

Lange und kurze Linien

Stellen Sie sich vor, Sie sind bei A und möchten nach B. Der Pfad könnte geschlängelt sein, besonders wenn Sie einer Karte folgen.

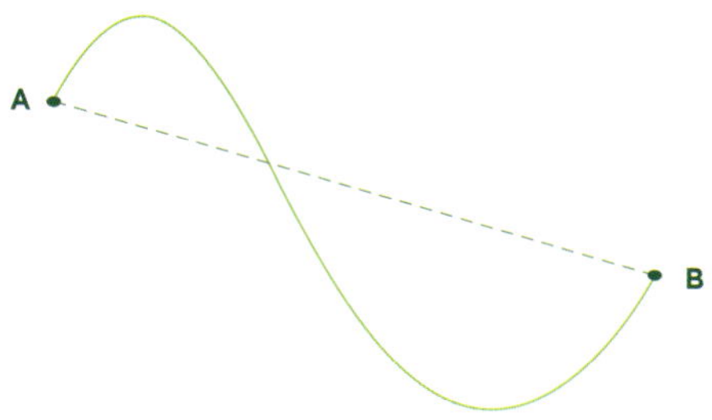

Um den Pfad kürzer zu machen, glätten wir die Kurven. Die flachste Form einer Kurve ist eine gerade Linie.

Es geht auch ohne Kurven. Jede gerade Linie kann zur Hypotenuse eines rechtwinkligen Dreiecks gemacht werden – aus einer unendlichen Anzahl von rechtwinkligen Dreiecken.

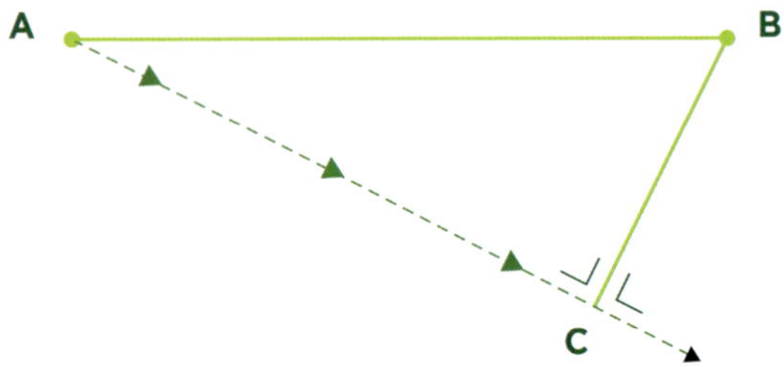

Welches Dreieck Sie auch zeichnen, die Gesamtfläche AC + CB wird immer größer sein als AB. So weit, so gut. Aber wir leben nicht in einer flachen Welt.

Am Ball bleiben

Euklid (siehe Seite 44) beschreibt alle Grundlagen der Geometrie für eine flache Welt. Die sogenannte Euklidische Geometrie beinhaltet viele gute, praktische Anwendungen, wie zum Beispiel das Arbeiten mit dem Volumen von Lücken, das Sie brauchen, um zu berechnen, wie viel Boden Sie ausheben müssen, um einen Teich zu graben, oder wie viele Meter Teppich Sie für einen Raum benötigen.

Wir leben jedoch auf einer fast kugelförmigen Erde, auf welcher eine gerade Linie nicht das ist, was sie zu sein scheint. In diesem Fall müssen wir eine nicht-euklidische Geometrie verwenden. Euklids fünftes Postulat (siehe Seite 45) zeigt, dass sich parallele Linien nie treffen, indem er die Charakteristiken von Linien, die sich treffen, anfügt. Eine Linie, die zwei Linien schneidet, ist parallel:

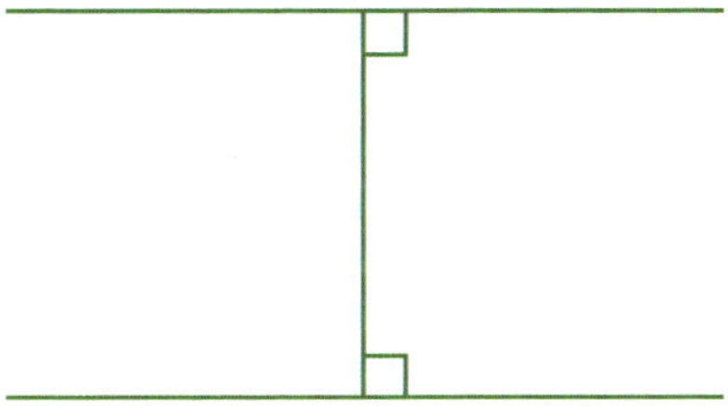

Das gilt für eine flache Oberfläche, aber nicht für eine gekrümmte Oberfläche.

Es gibt zwei Arten von gekrümmten Oberflächen: eine konkave Oberfläche, wie das Innere einer Schale, und eine konvexe Oberfläche, wie die Außenseite eines Globus. Daraus ergeben sich zwei Arten von gekrümmter Oberflächengeometrie. Sie werden hyperbolische und elliptische Geometrie genannt.

Jetzt können wir eine Linie senkrecht zu zwei anderen Linien zeichnen, ohne dass diese anderen Linien parallel sind. Auf einer hyperbolischen Oberfläche krümmen sich die Linien in beide Richtungen voneinander weg, wobei der Abstand zwischen ihnen zunimmt. Auf einer elliptischen Fläche biegen sie sich aufeinander zu und treffen sich schließlich auf beiden Seiten.

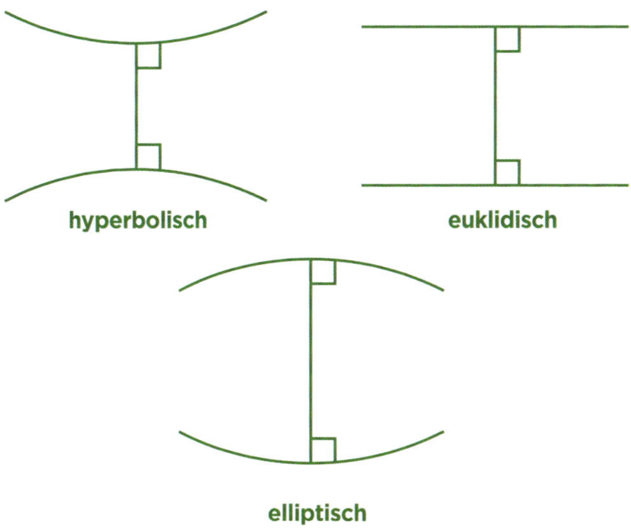

Luftlinie

Wir sind es gewohnt, geografische Distanzen als die kürzeste „Luftlinie“ zu betrachten. Das könnte auf einer Karte als gerade Linie gezeichnet werden.

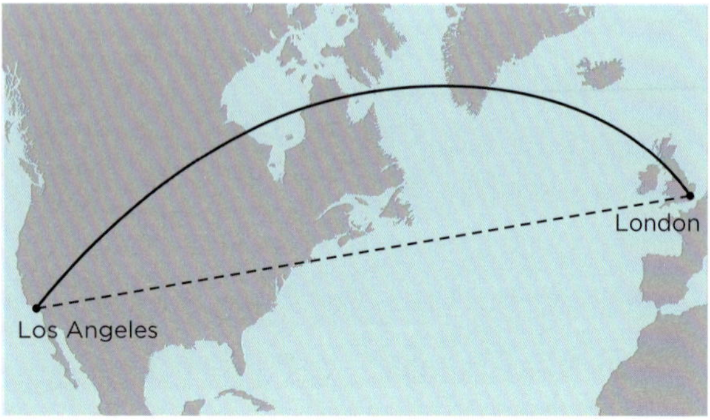

Ein (sehr energischer) Vogel, der von London nach Los Angeles fliegt, könnte seine Route planen, indem er eine Karte betrachtet und eine gerade Linie zwischen den beiden Städten zieht. Aber wenn er diesen Weg nehmen würde, würde er tatsächlich weiter reisen, als wenn er dem gekrümmten Weg folgen würden, obwohl es länger lauert. Der Grund wird klar, wenn wir uns daran erinnern, dass die Erde ein Sphäroid ist.

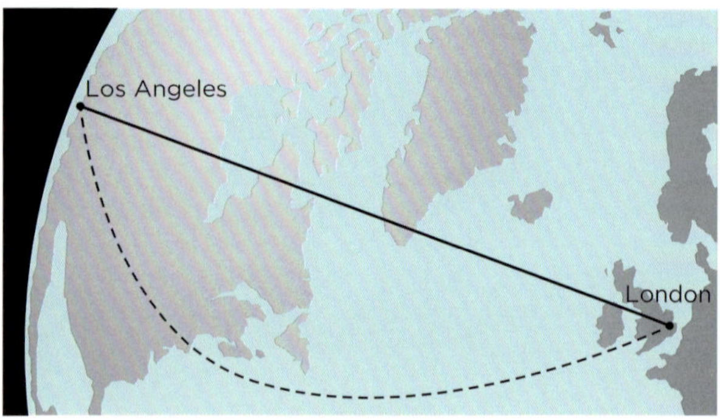

Die kürzeste Linie zwischen zwei Punkten auf einer Kugel folgt einer Geodät. Eine Geodät ist eine Linie, die rund um das Zentrum einer Kugel verläuft.

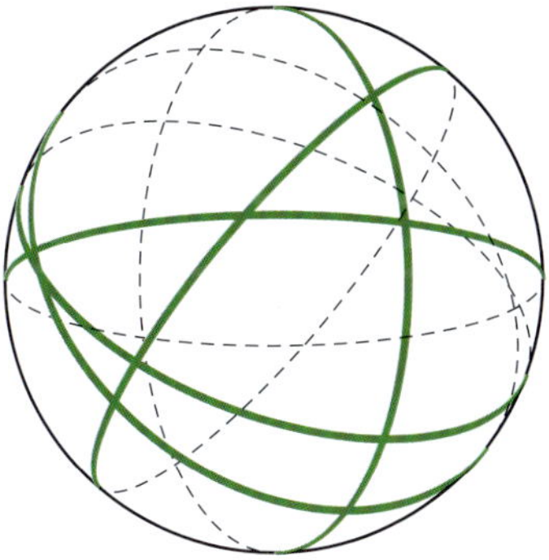

Das bedeutet, dass der Durchmesser des Kreises gleich dem Durchmesser der Kugel ist. Eine Geodät wird auch „Großkreis“ genannt. Wir können eine beliebige Anzahl von Großkreisen über eine Kugel zeichnen.

Im Hinblick auf die Erde sind alle Linien der Länge nach große Kreise. Keine Linien in der Breite, außer dem Äquator, sind Großkreise. Alle anderen Breitengrade sind kleinere (oder kleine) Kreise mit einem kleineren Radius als dem der ganzen Kugel. Die kürzeste Entfernung zwischen zwei Punkten auf der Oberfläche eines Globus wird immer durch Zeichnen eines großen Kreises zwischen den beiden Punkten gefunden – der Abstand in einem kleinen Kreis ist immer länger (auch wenn es nicht so aussieht).

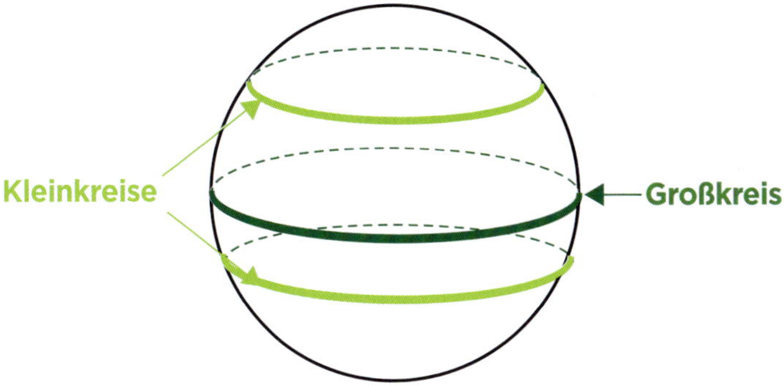

Die verzerrte Karte

Die auf einer flachen Karte gezeichnete Linie ist ein kleiner Kreis, wenn die Route auf einem Globus markiert ist. Der Grund dafür, dass der tatsächliche Flugweg eines Vogels oder eines Flugzeugs auf einer Karte länger aussieht als der scheinbar „gerade" Pfad, liegt darin, dass alle Kartenprojektionen die Geografie der Welt verzerren. Es ist nicht möglich, die Oberfläche einer Kugel auf einer flachen Ebene ohne eine Art von Verzerrung zu zeichnen. Am bekanntesten ist die Mercator-Projektion (rechts). Es wird zunehmend verzerrter, je näher man den Polen kommt. Ein Ergebnis davon ist, dass Grönland viel größer wirkt, als es tatsächlich ist, und die Antarktis ungefähr so groß aussieht wie alle wärmeren Länder zusammen – sie ist tatsächlich weniger als eineinhalb Mal so groß wie Australien. In der Gall-Peters-Projektion (unten), die gleiche Flächen zeigt, ist das Bild sehr unterschiedlich. Hier ist Grönland wirklich ziemlich klein und Afrika ist viel größer. Diese Projektion war in Nordamerika nicht populär, da sie Nordamerika im Vergleich zu Südamerika, Afrika und Australien viel weniger wichtig erscheinen lässt, als die Amerikaner es gewohnt sind. Afrika hat die dreifache Landfläche der USA.

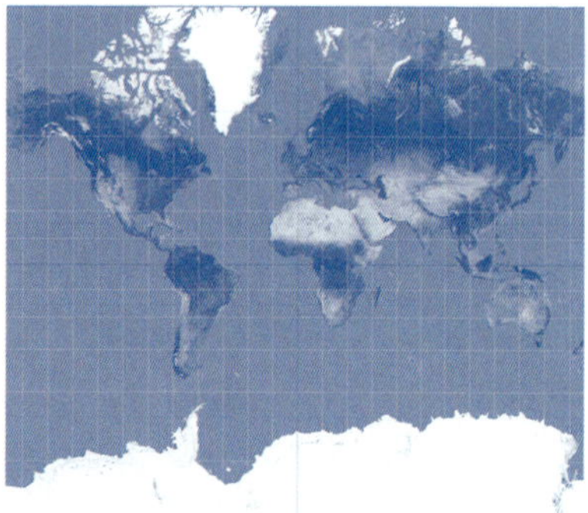

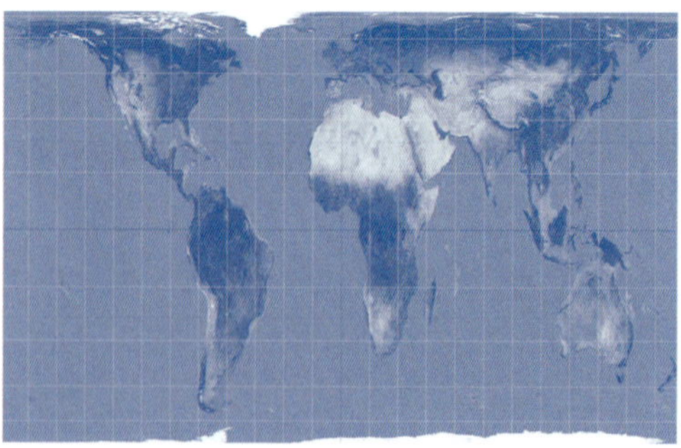

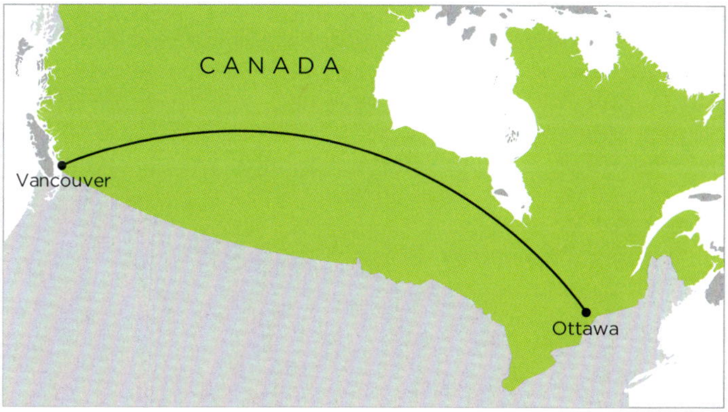

Wie groß ist Grönland?

Auf der bekannten Mercator-Karte sieht Grönland ungefähr so groß wie Afrika aus und die Antarktis sieht größer aus als alle wärmeren Länder zusammen. In der Tat ist Grönland ungefähr $\frac{1}{14}$ so groß wie Afrika.

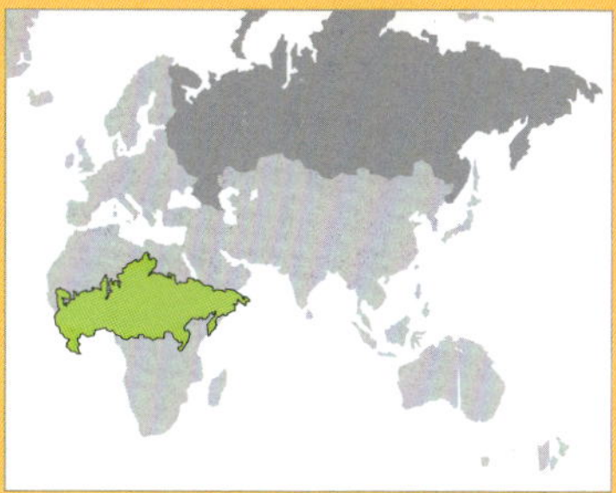

Und Russland, das mit Mercators Projektion groß aussieht, ist in Wirklichkeit auch kleiner als Afrika.

Kürzer ist nicht immer schneller oder besser. Flugzeuge folgen nicht immer der direktesten Großkreisroute, weil Wind- und Luftverkehrsmuster ihre Routenwahl ebenfalls beeinflussen. Wir leben in einer realen Welt, nicht in einem aufgeräumten Paradies der Mathematik, und es gibt immer andere Faktoren zu berücksichtigen, wie Schwerkraft, Wetter, Flugsicherung und sogar feindliche Kräfte am Boden mit Flugabwehrwaffen.

Das Hinzufügen von erschwerenden Faktoren ist kein Nachteil für Mathematik, macht es aber schwieriger. Nachfolgend sehen Sie ein Rätsel von Johann Bernoulli aus dem 17. Jahrhundert. Stellen Sie sich ein Stück Draht vor, auf das eine Perle geschraubt ist. In welche Form sollten Sie den Draht biegen, damit die Perle vom Anfang bis zum Ende am schnellsten fällt? (Der Draht ist in jedem Fall gleich lang.)

Viele brillante Mathematiker, darunter Newton, Bernoulli, Huygens und Leibniz, versuchten sich an diesem Problem. Galilei hat es falsch verstanden. Der Erste, der die richtige Antwort gab, war Newton, der den Vorteil hatte, die Infinitesimalrechnung entwickelt zu haben.

Die richtige Antwort ist die dritte Form: Die steil nach unten verlaufende Kurve erlaubt es der Perle, sich schneller zu bewegen, um die horizontale Distanz schneller zu überwinden. Die Perle konnte in derselben Zeit weiter fallen als auf einem geraden Draht. Während also die kürzeste Strecke in einer flachen Ebene eine gerade Linie sein kann, ist die schnellste Route möglicherweise keine gerade Linie.

Kapitel 13

Mögen Sie Muster?

Ob Sie eine Tapete aussuchen oder ein neues Shirt – Sie denken, es gäbe eine riesige Auswahl an Mustern …

Für Mathematiker gibt es jedoch nur 17 Grundmuster in der sogenannten „Ornamentgruppe".

Sehen wir uns das nochmal an. Und noch einmal!

Mathematiker beschäftigen sich eigentlich nicht mit Tapetenmustern – aber sie interessieren sich für Isometrie, und die liegt den Mustern der Ornamentgruppe zugrunde. Den Beweis, dass die Ornamentgruppe aus nur 17 Grundmustern besteht, erbrachte 1891 der russische Mathematiker, Geologe und Kristallograf Evgraf Fedorov. Alle Muster, die aus sich wiederholenden Isometrien aufgebaut sind, basieren auf einer „Zelle", die eine bestimmte Form haben muss, normalerweise rechteckig (manchmal spezifisch quadratisch) oder sechseckig.

Etwas über Isometrie

Sie möchten nicht, dass die Formen auf Ihrer Tapete sich verzerren, wachsen oder schrumpfen, wenn Sie sie auf der Wand anbringen. Das würde Ihnen Albträume bescheren. Stattdessen müssen die Kopien des Musters, selbst wenn sie gedreht oder reflektiert werden, gleich aussehen. Mathematisch wird dies Isometrie genannt: Der Abstand zwischen zwei beliebigen Punkten auf dem Bild muss gleich bleiben, nachdem das Bild transformiert (d.h. verändert) wurde.

Es ist einfacher anhand eines Beispiels zu verstehen. Hier sind einige Möglichkeiten, das Bild eines Seepferdchens zu verändern:

nach rechts verschoben	**gedreht**	**gespiegelt**	**verzerrt**	**geschrumpft**

Die ersten drei sind isometrische Transformationen – absolute Abstände zwischen zwei beliebigen Punkten auf dem Seepferdchen sind vor und nach der Transformation gleich. Das vierte und fünfte Seepferdchen ist nicht-isometrisch: Verdrehen und Schrumpfen verändern die Abstände zwischen den Punkten. Es gibt vier Arten von Isometrie in zwei Dimensionen:

Translation (Die Figur wird nach links, rechts, oben oder unten verschoben)

links	rechts	oben	unten

Rotation (Drehen der Figur im oder gegen den Uhrzeigersinn)

Drehung 0°	Drehung 35°	Drehung 90°	Drehung 180°

Achsenspiegelung (ein Spiegelbild der Figur in jede Richtung)

	horizontal gespiegelt	**vertikal gespiegelt**

Gleitspiegelung (eine Kombination aus Achsenspiegelung und Translation zur gleichen Zeit)

	horizontal verschoben gespiegelt	**vertikal verschoben gespiegelt**

Mathematiker geben den 17 Mustern merkwürdige Namen. Sie bestehen aus Codes, die erklären, wie man das Muster erstellt.

- **p1** ist die einfachste Form, wobei das Bild nur in eine Richtung verschoben wird. Die Zellenform kann ein beliebiges Parallelogramm sein (einschließlich eines Rechtecks oder Quadrats).

- **p2** ist ähnlich wie p1, aber die Zelle kann umgedreht werden, ohne das Bild zu verändern.

- **pm** kann entlang einer Achse reflektiert werden. Dies bedeutet, dass die Figur auf einer Achse symmetrisch ist. Die Zelle muss rechteckig oder quadratisch sein.

- **pg** (rechts) hat eine Gleitspiegelung – reflektiert und gleichzeitig verschoben.

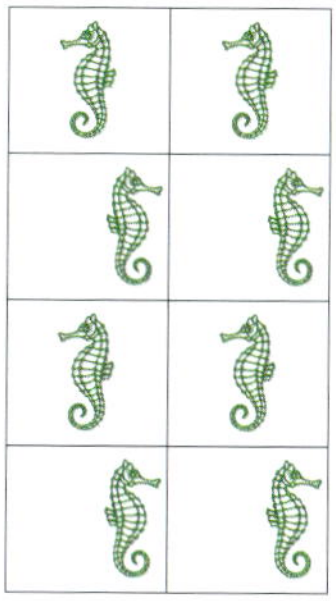

- **cm** (unten) kombiniert Gleitspiegelung und eine Achse der Reflexion; die Zelle muss ein Parallelogramm mit gleichen Seiten sein.

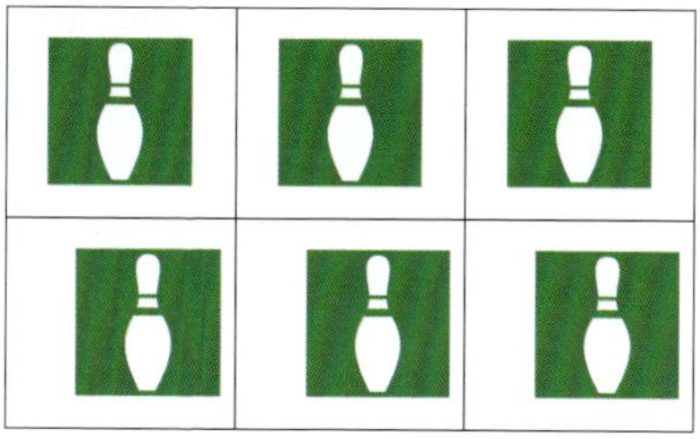

Die Zellen werden immer komplexer, da sie Translationen, Rotationen und Spiegelbewegungen in verschiedene Richtungen kombinieren. Interessanterweise finden sich Beispiele von allen in der antiken Kunst, darunter Gemälde auf ägyptischen Mumienkästen, arabische Fliesen und Mosaike, assyrische Bronzearbeiten, türkische Töpferwaren, tahitianische Flechtarbeiten und chinesisches sowie persisches Porzellan. Hier nur einige Beispiele:

p2mg – Stoff, Hawaii

p4 – Decke eines ägyptischen Grabs

p4mg – chinesisches Porzellan

p3m1 – persische Kachel

p31m – bemaltes Porzellan aus China

p6mm – Bronzegefäß aus Nimrud, Assyrien

Wie wäre es mit einem Fries?

Die Ornamentgruppe wiederholt das Muster in zwei Richtungen - sozusagen an der Wand entlang und vom Boden bis zur Decke. Eine andere Gruppe, die Friesgruppe, wird nur in eine Richtung wiederholt, sodass ein Fries entlang einer Wand entstehen könnte. Die sieben Typen finden sich alle in der frühen Kunst und sogar in prähistorischen Dekorationen:

p1	Horizontale Translation	
p1m1	Translation, die sich vertikal spiegelt	
p11m	Translation, die sich vertikal und horizontal spiegelt	
p11g	Translation und Gleitspiegelung	
p2	Translation und 180°-Drehung	
p2mg	Translation, 180°-Drehung, vertikale Spiegelung und Gleitspiegelung	
p2mm	Translation, 180°-Drehung, vertikale und horizontale Spiegelung sowie Gleitspiegelung	

Und jetzt die Zellen ...

Die Ornamentgruppe arbeitet mit Zellen, die mosaikartig zusammengesetzt werden können - das heißt, sie werden wiederholt, um einen flachen Raum ohne Lücken zu bedecken.

Parkettierung ist eine andere Art, Muster zu entwickeln, die eher mit der Form der Zellen als mit einem Muster davon arbeitet.

Die häufigsten Parkettierungen finden sich in der antiken Kunst wieder. Bei den einfachsten Parkettierungen wird eine einzelne Form wiederholt. Diese werden als reguläre Parkettierungen bezeichnet. Es gibt drei grundlegende Arten:

Dreiecke

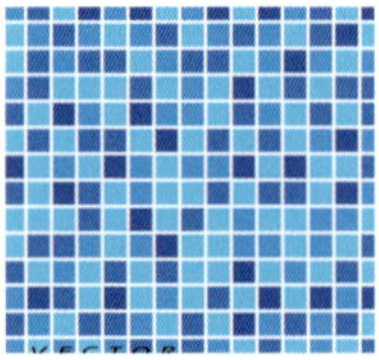

Quadrate

Sechsecke

Das Muster ist an jedem Eckpunkt (jeder Ecke) identisch. Parkettierungen werden beschrieben, indem die Anzahl der Seiten jeder der Formen aufgelistet wird, die sich an einem Eckpunkt treffen. Jede Ecke im sechseckigen Muster wird von drei Sechsecken geteilt. Die Sechsecke haben jeweils sechs Seiten, sodass die Parkettierung 6.6.6 ist.

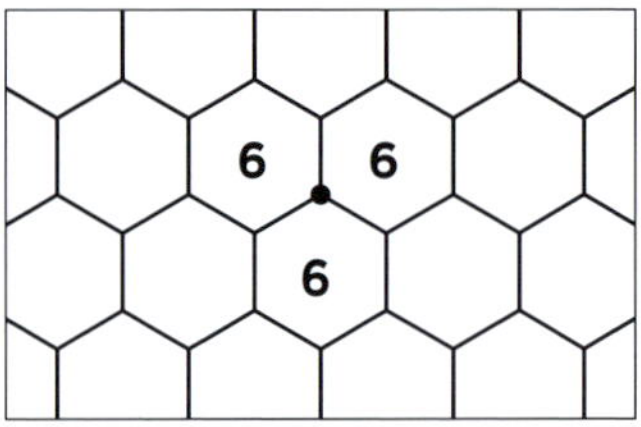

Semi-reguläre Parkettierungen können zwei oder mehr Formen haben, die aneinandergereiht sind. Es gibt insgesamt acht semireguläre Parkettierungen (siehe rechte Seite). Auch hier ist das Muster an jedem Scheitelpunkt gleich, obwohl es auch gedreht werden könnte. Unregelmäßige Parkettierungen haben nicht das gleiche Muster an jeder Ecke und können daher nicht mit dem gleichen System beschrieben werden. Sie müssen dennoch die gesamte Oberfläche ohne Lücken oder Überlappungen abdecken. Diese unregelmäßige Parkettierung ist im Alhambra-Palast in Spanien zu sehen:

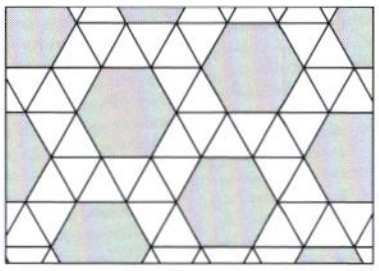

3.3.3.3.6

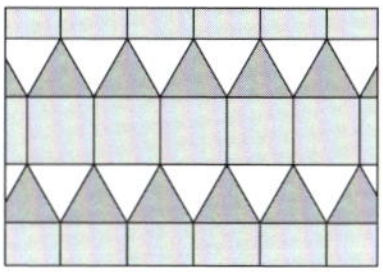

3.3.3.4.4

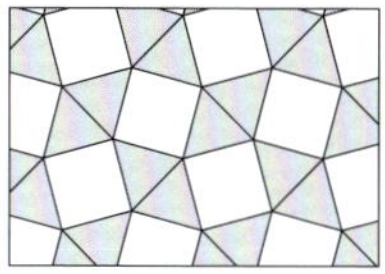

3.3.4.3.4

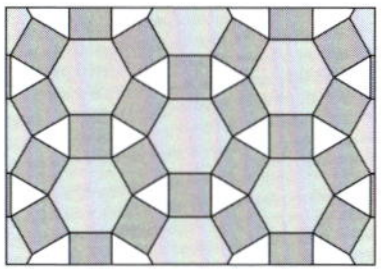

3.4.6.4

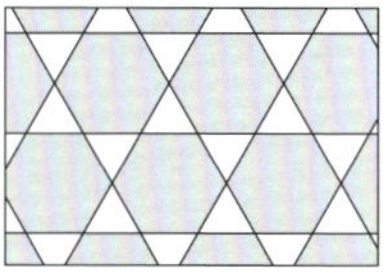

3.6.3.6

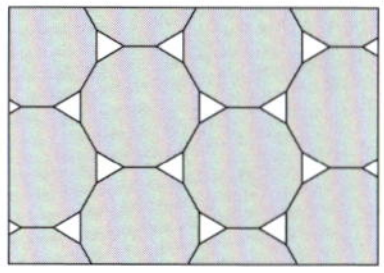

3.12.3.12

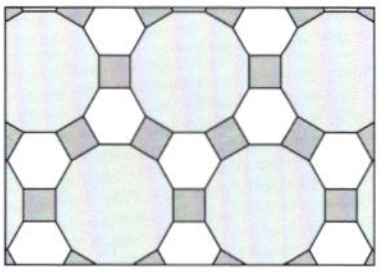

4.6.12

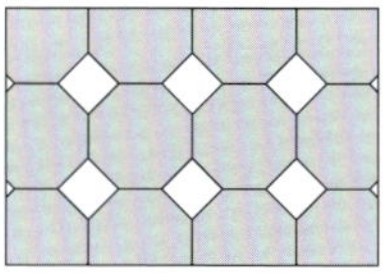

4.8.8

Sie könnten jedes dieser Muster verwenden, um Ihr Badezimmer zu fliesen, wenn Sie genug geübt wären. Einige ehrgeizigere und künstlerischere Parkettierungen, die oft gekrümmte Formen verwenden, wurden vom niederländischen Künstler M. C. Escher (1898–1972) entwickelt. Die Oberfläche ist noch vollständig ausgefüllt, aber jetzt mit fantasievollen und manchmal albtraumhaften Anordnungen und metamorphen Formen.

Kapitel 14

Was ist normal?

Wie schwer ist ein Baby? Wie lang ist eine Boa Constrictor? Wie oft gehen Menschen zum Supermarkt?

Die Antwort auf all diese Fragen lautet: „Es variiert." Aber obwohl sich die Ergebnisse bei jedem einzelnen Baby, jeder Boa Constrictor und jedem Supermarktkäufer voneinander unterscheiden, gibt es Grenzen der Erwartung: Menschliche Babys werden nicht drei Nanogramm oder fünf Tonnen wiegen, die Boa Constrictor wird nicht 40 km lang sein und die Leute gehen nicht einmal pro Jahr oder Jahrtausend in den Supermarkt.

Das durchschnittliche Baby

Bevor ein Baby geboren wird, haben die Eltern Erwartungen an das voraussichtliche Gewicht des Babys, abgeleitet aus dem Wissen über andere Babys. Nach der Geburt wird das tatsächliche Gewicht des Babys festgestellt und mit anderen verglichen. Das Abschätzen des durchschnittlichen Gewichts ist nützlich für Eltern („Soll ich sehr kleine Baby-Kleidung kaufen?") und für das medizinische Personal („Ist dieses Baby gefährdet?").

Nach der Geburt ist das Wissen über Durchschnittswerte besonders nützlich für das medizinische Personal, um Fragen zu beantworten wie: „Ist dieses Baby so weit von ‚normal' entfernt, dass wir uns Sorgen machen sollten?" Auf der rechten Seite ist eine Gewichtstabelle von einigen Neugeborenen. Eine Tabelle mit Babygewichten ist gedanklich schwer zu entwickeln, auch wenn sie in der Größenreihenfolge aufgeführt sind. Es ist einfacher, das Gewicht von Babys im Durchschnitt zu erfassen.

Baby	Gewicht
1	2,3 kg
2	2,3 kg
3	2,9 kg
4	3,0 kg
5	3,2 kg
6	3,3 kg
7	3,4 kg
8	3,5 kg
9	3,7 kg
10	3,8 kg

Durchschnitts-Babys

Es gibt drei Arten von „Durchschnitt", die wir berechnen können:

Der Mittelwert. Das ist das, was die meisten Leute als Durchschnittswert ansehen. Mit den Werten aus der Tabelle sieht das Ganze so aus:

2,3 + 2,3 + 2,9 + 3,0 + 3,2 + 3,3
+ 3,4 + 3,5 + 3,7 + 3,8 = 31,4

31,4 ÷ 10 = 3,14 kg

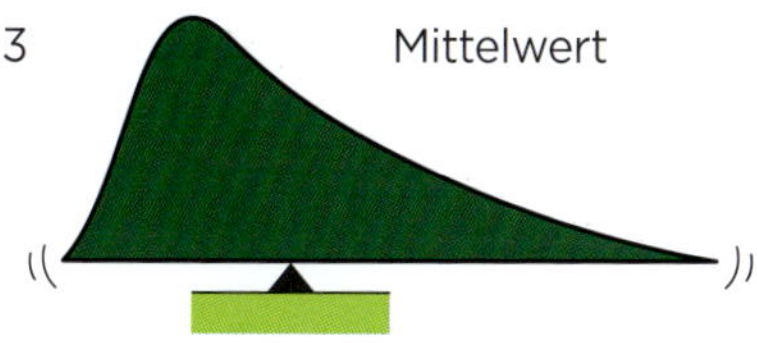

Der Median (Zentralwert)

Dies ist der Wert in der Mitte eines Bereiches, was bedeutet, dass eine Hälfte des Wertes über und die andere unter ihm liegt. Ordnen Sie die Werte der Größe nach an (wie in der Tabelle) und wählen Sie den Wert in der Mitte der Liste aus. Wenn es eine gerade Anzahl von Werten gibt, wird es zwei Werte in der Mitte geben. Der Median ist dann der Mittelwert dieser beiden, also von 3,2 kg und 3,3 kg, was 3,25 kg ist.

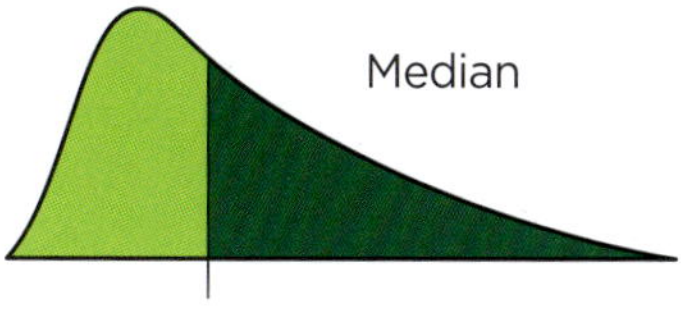

Der Modus (Modalwert)

Dies ist der Wert, der am häufigsten erscheint. Es gibt zwei Babys mit einem Gewicht von 2,3 kg, aber nur ein Beispiel für alle anderen Gewichte, also ist 2,3 kg der Modus. Mit einem kleinen Datensatz, wie der Tabelle auf Seite 101, kann der Modus sehr irreführend sein. Betrachtet man diese Werte, dann erwarten wir ein Baby, das 2,3 kg wiegt, aber das ist tatsächlich viel niedriger als das Gewicht der meisten Neugeborenen. Wie bei allen Statistiken gilt: Je größer der Datensatz, desto mehr Vertrauen setzen wir in seine Analyse. Bei einem kleinen Datensatz wie diesem sind der Mittelwert und der Median zuverlässiger und nützlicher als der Modus. Tatsächlich gibt es keinen Modus, wenn jeder Wert nur einmal vorkommt.

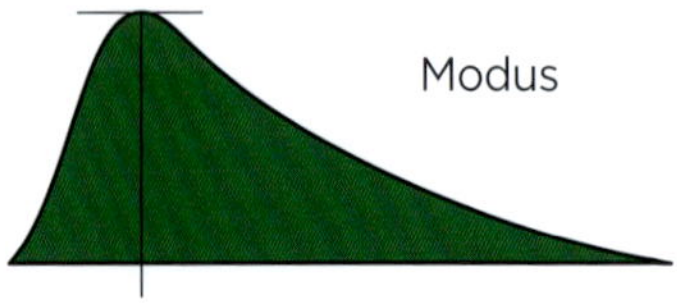

Normalverteilung

Ein einfacherer Weg, um viele Daten zu betrachten, ist in Form eines Graphen. Wenn wir das Gewicht vieler Neugeborener mit dem Gewicht entlang der x-Achse (horizontal) und der Anzahl der Babys mit diesem Gewicht auf der y–Achse (vertikal) darstellen, wird das Ergebnis ein solches Diagramm sein. Es wird auch Glockenkurve genannt, da es wie eine Glocke geformt ist.

An jedem Ende der Kurve steht eine sehr kleine Anzahl von Babys, die extrem klein oder extrem groß sind, aber die meisten Babygewichte sind irgendwo in der Mitte der Kurve.

Abweichen von der Norm

Aber welchen Wert auf der Kurve bezeichnen wir als „normal"? Sicher nicht nur die Beispiele, die genau in der Mitte liegen. Um wirklich aussagekräftig zu sein, muss die Kurve mit mehr Informationen daherkommen. Die nützlichste Information ist die Standardabweichung, dargestellt durch den griechischen Buchstaben Sigma, σ. Dies ist ein Maß, welches besagt, wie weit sich alle Beispiele vom Durchschnitt unterscheiden, ausgedrückt als Mittel- oder Standardwert. Es wird mit einer Formel berechnet, die entmutigend aussieht, aber in der Praxis relativ einfach zu verwenden ist:

$$\sigma = \sqrt{\frac{1}{N}\sum_{i=1}^{N}(x_i - \mu)^2}$$

Sie beinhaltet diese Schritte, beginnend in den Klammern:

- Für jeden Wert den Mittelwert von jedem Wert subtrahieren: $x_i - \mu$
- Jede Differenz quadrieren: $(x_i - \mu)^2$
- Dann die quadrierten Differenzen addieren: $\sum(x_i - \mu)^2$
- Durch die Anzahl der erhaltenen Werte teilen – das Ergebnis ist die Varianz: $\frac{1}{N} \sum(x_i - \mu)^2$
- Die Quadratwurzel der Varianz: σ finden. Das ist die Standardabweichung.

Der Grund dafür, dass wir die Werte quadrieren und sie dann am Ende abgleichen, besteht darin, dass andernfalls die negativen Werte (Fälle, in denen der Wert niedriger als der Mittelwert ist) die positiven Werte löschen würden. Die Standardabweichung für unsere Babygewichte beträgt 0,5 kg.

Was zuerst?

Wenn Berechnungen mehrere Schritte umfassen, kann es schwierig sein zu wissen, in welcher Reihenfolge die Schritte ausgeführt werden. Die Gedächtnisstütze BODMAS hilft:

B - Zuerst alles in Klammern (= Brackets) berechnen,
O - als Nächstes berechnet man die Ordnungen; das bedeutet, Zahlen auf die Berechnung von Quadratwurzeln zu erhöhen,
D - als Nächstes ist die Division an der Reihe, die von links nach rechts geht, wenn es mehr als eine gibt,
M - dann die Multiplikationen, wieder von links nach rechts,
A - danach Additionen, von links nach rechts,
S - schließlich die Subtraktionen, von links nach rechts.

Stichprobe oder Grundgesamtheit?

Wir haben angenommen, dass diese Babys die gesamte untersuchte Population von Babys sind. Wenn wir jedoch diese Stichprobe verwenden wollten, um etwas über das allgemeine Geburtsgewicht von Neugeborenen zu erfahren, müssten wir die Berechnung der Standardabweichung leicht anpassen. Statt durch N zu teilen, teilen wir durch N–1. Dadurch wird die Standardabweichung etwas größer – 0,52 kg in unserer Stichprobe. Somit wird es flexibler, weil es unvermeidlich mehr Variation in einer größeren Grundgesamtheit geben wird als in einer Stichprobe, es sei denn, Sie haben zufällig sowohl die größten als auch die kleinsten Beispiele der gesamten Grundgesamtheit ausgewählt. Betrachtet man die Tabelle erneut (siehe Seite 101), so finden wir heraus, dass nur die Babys 1, 2, 9 und 10 mehr als eine Standardabweichung (mehr als 0,52 kg) von dem Mittelwert 3,14 kg aufweisen. So könnte jemand, der ein Baby bekommt, vernünftigerweise erwarten, dass sein Baby zwischen 2,6 kg und 3,7 kg wiegen wird.

Perzentile

Mit der Studie einer großen Grundgesamtheit lässt sich mehr Information herausfinden. Perzentile geben an, wie viel Prozent der Werte unter ein bestimmtes Niveau fallen.

Das 50. Perzentil liegt in der Mitte der Bandbreite, wobei 50% der Werte höher und 50% niedriger sind. Beim 90. Perzentil sind 90% der Werte niedriger und nur 10% höher. Beim 2. Perzentil sind nur 2% der Werte niedriger und 98% der Werte sind höher. Perzentil-Diagramme werden häufig verwendet, um die erwarteten Wachstumsmuster von Kindern zu zeigen.

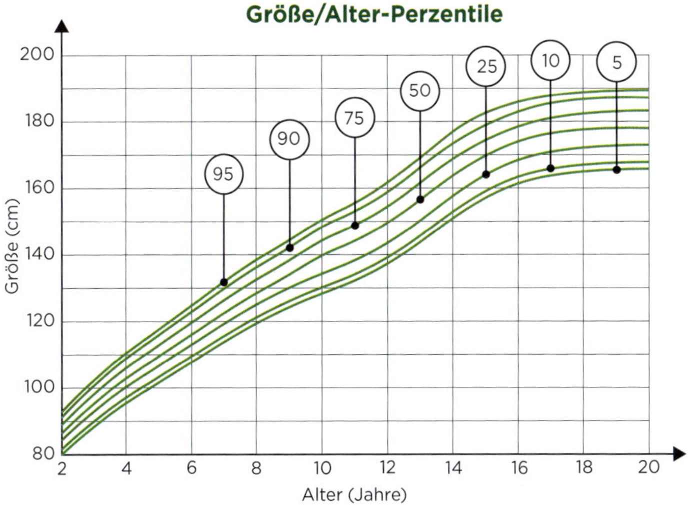

Ein Diagramm wie dieses bedeutet nicht, dass es keine Kinder geben wird, die größer sind als das 95. Perzentil oder kleiner als das 5., aber es wird nicht viele weitere Perzentile geben: 90% aller Kinder befinden sich irgendwo zwischen der oberen und unteren Zeile dieses Diagramms. Es können kleinere oder größere Kinder beobachtet werden, aber es ist nicht unbedingt etwas falsch mit ihnen.

Eine normale Kurve

Indem wir die Perzentil-Idee mit der Glocken-Kurve kombinieren, können wir die Kurve in Teile spalten, die innerhalb einer, zwei oder drei Standardabweichungen des Mittelwerts liegen. In vielen Fällen sieht das Aufspalten folgendermaßen aus:

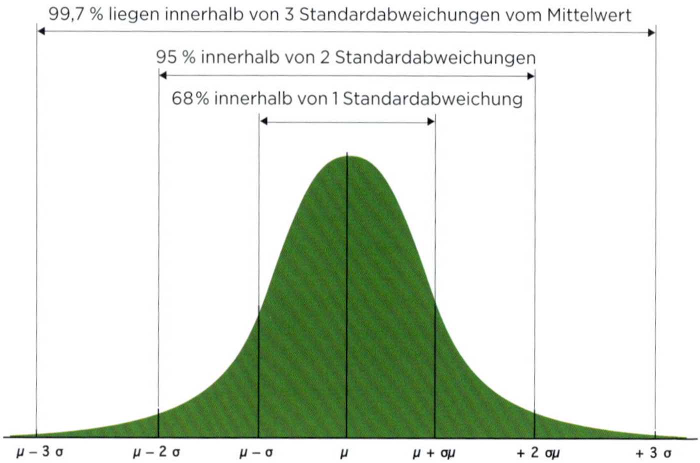

Dies wird Normalverteilungskurve genannt. Viele Dinge fallen natürlich in dieses Muster mit 68% der Werte innerhalb einer Standardabweichung, 95% innerhalb von zwei Standardabweichungen und 99,7% innerhalb von drei Standardabweichungen. Es bezieht sich auf die Größe von Menschen, Fehler in Messungen, Blutdruckwerte, Markierungen auf Prüfungsskripten und viele andere Werte.

Außerhalb der Gruppe von zwei oder drei Standardabweichungen vom Mittelwert zu liegen, kann eine Warnung sein. Aber die Grenzen können auch verwendet werden, um festzulegen, was „normal" ist. Angenommen, es ist Ihre Aufgabe, jedes Jahr Prüfungen zu erstellen. In diesem Fall können Sie nicht sicher sein, dass das Prüfungsblatt jedes Jahr gleich schwer oder gleich streng bewertet ist.

Sie können jedoch die Passmarke entsprechend einer normalen Verteilungskurve setzen. Wenn Sie das Ergebnis aller Schülerinnen und Schüler aufzeichnen und alle, die eine Note über 0,5 Standardabweichung unter dem Mittelwert erreicht haben, bestehen, können Sie diese Methode jedes Jahr anwenden, um die besten 69% der Schüler zu finden.

Kapitel 15

Wie lang ist ein Stück Schnur?

Nicht alles kann man zählen.

Das Zählen funktioniert gut für Objektgruppen, wie Kühe oder Kochtöpfe. Aber nicht alles kann in Stücken gezählt werden. Kontinuitäten wie die Zeit, Flüssigkeiten wie Wasser und Dinge, die nicht einzeln zählbar sind, wie Sandkörner oder Reis, müssen wir messen.

Linien und Lineale

Die frühesten Maßeinheiten, die wir kennen, basieren auf dem menschlichen Körper: die Länge eines Schrittes, der Abstand von den Fingerspitzen zum Ellenbogen (eine Elle) oder die Länge des oberen Daumengelenks. Diese Maße sind gut genug, solange Sie nicht an sehr ehrgeizigen Projekten arbeiten und keine Komponenten kombinieren müssen, die von verschiedenen Personen hergestellt oder gemessen wurden.

Aber stellen Sie sich vor, Sie würden versuchen, eine große Pyramide zu bauen, wenn jede Seite von einer anderen Person bearbeitet wird. Selbst die gleiche Person könnte auf jeder Seite unterschiedlich lange Schritte machen. In dieser Situation erweist sich die Standardisierung als sehr nützlich. Wenn man sich den Arm einer Person ausgesucht hat, um eine Elle zu messen, wäre es für diese Person unangenehm, ständig zu Messzwecken missbraucht zu werden, und Sie können sowieso nur zu einer Zeit an einem Ort sein. Ein Ersatz – wie ein Lineal – wäre hier nützlich. Die altägyptische Königselle wurde oft durch einen Holzstab dargestellt, der wie ein modernes Lineal in Sektionen aufgeteilt war. Diese Art der Standardisierung, die vor 5000 Jahren begann, funktionierte gut: Die große Pyramide von Gizeh ist auf einer Basis von 440 Ellen pro Quadrat, genau zu 0,05% oder 115 mm pro 230,5 m gebaut.

Maßeinheiten für alles

Menschen auf der ganzen Welt entwickelten unterschiedliche Messsysteme, je nachdem, was sie messen mussten. Infolgedessen gibt es einige ziemlich ungerade Maßeinheiten, einschließlich:

- **einer Pferdelänge (2,4 m) beim Pferderennen,**
- **eines Kuhgrases (Flächeneinheit) – genug grasbewachsenes Land, um eine Kuh zu versorgen,**
- **einem Morgen (Flächeneinheit) – die Menge Land, die ein Mann und ein Ochse an einem Morgen bestellen können (0856532 Hektar).**
- **die Masse von Jupiter – um die Masse von Exoplaneten anzugeben, gleich $1{,}9 \times 10^{27}$ kg**

SI-Einheiten

Das Metrik- und Dezimalsystem, das die Grundlage für die SI-Einheiten (SI = Système International) bildet, begann 1799 in Frankreich. Heute verwendet der Großteil der Welt SI-Einheiten. Es gibt sieben Basis-SI-Einheiten, die 1960 von der 11. Generalkonferenz für Maße und Gewichte festgelegt wurden:

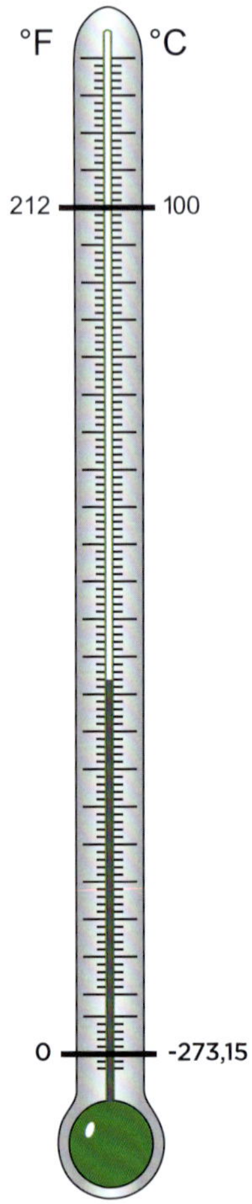

- **Ampere (A)** – Maßeinheit für elektrischen Strom
- **Kilogramm (kg)** – Maßeinheit für Masse
- **Meter (m)** – Maßeinheit für Länge
- **Sekunde (s)** – Maßeinheit für Zeit
- **Kelvin (K)** – Maßeinheit der thermodynamischen Temperatur (ein Kelvin ist gleich einem Grad Celsius, aber der Ausgangspunkt ist am absoluten Nullpunkt, das Äquivalent von minus 273,15 Grad Celsius)
- **Candela (cd)** – Maßeinheit der Lichtstärke
- **Mol (mol)** – die Menge einer Substanz, die die gleiche Anzahl von Elementarteilchen (wie Atome, Ionen oder Moleküle) enthält wie 12 g Kohlenstoff-12. Dies entspricht der Avogadro-Konstanten: 6,02214129 (27) x 10^{23} Atome/Moleküle.

Es gibt viel mehr SI-Einheiten, die in Bezug auf diese Basiseinheiten definiert sind. Einige bekannte Maßeinheiten, wie Stunde, Liter und Tonne, sind keine SI-Einheiten. Zwanzig offiziell genehmigte Präfixe werden mit SI-Einheiten verwendet:

Faktor	Name	Symbol
10^{24}	Yotta	Y
10^{21}	Zetta	Z
10^{18}	Exa	E
10^{15}	Peta	P
10^{12}	Tera	T
10^{9}	Giga	G
10^{6}	Mega	M
10^{3}	Kilo	k
10^{2}	Hekto	h
10^{1}	Deka	da

Faktor	Name	Symbol
10^{-1}	Dezi	d
10^{-2}	Zenti	c
10^{-3}	Milli	m
10^{-6}	Mikro	µ
10^{-9}	Nano	n
10^{-12}	Piko	p
10^{-15}	Femto	f
10^{-18}	Atto	a
10^{-21}	Zepto	z
10^{-24}	Yokto	y

In der Praxis messen wir die Zeit nicht in Megasekunden, sondern in Monaten und Jahren.

Wie standardisiert ist Standard?

Werkzeuge zum Messen müssen mit einem festgelegten Standard abgestimmt werden, der daher absolut unveränderbar sein muss.

Das hört sich einfach an, ist es aber nicht. Ein Holzlineal kann sich verziehen, wenn das Holz trocken wird. Selbst eine Eisenstange dehnt sich bei Hitze aus und zieht sich bei Kälte zusammen. Heute basiert nur noch das Kilogramm auf einem von Menschen hergestellten physikalischen Standard. Die anderen SI-Einheiten basieren auf unveränderlichen Merkmalen des Universums. Zum Beispiel beträgt die Dauer einer Sekunde das 9 192 631 770-Fache der Periodendauer der Strahlung, die dem Übergang zwischen den beiden Hyperfeinstrukturniveaus des Grundzustands von Atomen des Nuklids ^{133}Cs entspricht.

Wie lang also?

Die Maßeinheiten, die wir als Individuen am häufigsten verwenden, sind wahrscheinlich die für Länge oder Entfernung.

Die meisten von uns können Messungen von wenigen Millimetern bis hin zu Hunderten oder sogar Tausenden von Kilometern durchführen, also verwenden wir Millimeter, Zentimeter, Meter und Kilometer. Aber das ist nur ein kleiner Teil der gesamten Bandbreite.

Definieren des Meters

Der Meter wurde zuerst 1795 als $\frac{1}{10\,000\,000}$ Teil eines halben Meridians definiert (d.h. die Hälfte der Entfernung um die Erde vom Nordpol zum Südpol). Dies war auf etwa einen halben Millimeter genau. Es wurde in Paris durch einen Messingstab standardisiert, der selbst auf ein hundertstel Millimeter genau war.

Dieser wurde 1960 auf einen nicht-physikalischen Standard umgestellt, der nun als die Entfernung, die Licht im Vakuum in $\frac{1}{299\,792\,458}$ Sekunden zurücklegt, definiert ist.

Wenn ein Stück Schnur Zentimeter, Meter oder sogar Kilometer lang ist, ist das in Ordnung, aber wenn es von hier bis zum Neptun reicht, würden wir es eher in AEs – Astronomischen Einheiten (keine SI-Einheit) messen.

Eine AE ist die durchschnittliche Entfernung vom Zentrum der Erde zum Zentrum der Sonne oder 149 597 870 700 m. Außerhalb des Sonnensystems werden die Maßeinheiten immer größer. Astronomen benutzen Einheiten, die auf der Erde völlig nutzlos sind.

Ein Lichtjahr (ly) ist die Entfernung, die das Licht in einem Jahr zurücklegt: 9 460 000 000 000 km. Die Messung in Lichtjahren ist im Sonnensystem nur eingeschränkt möglich. Besser zu messen sind Licht-Minuten (die Entfernung, die Licht in einer Minute zurücklegt) und Lichtsekunden. Die Erde ist 499 Lichtjahre von der Sonne entfernt, was bedeutet, dass Licht 8 Minuten und 19 Sekunden benötigt, um die Erde zu erreichen. Wenn die Sonne in diesem Augenblick explodieren würde, würden Sie es erst nach 8 Minuten merken. Neptun ist 30 AEs oder 4,1 Lichtstunden von der Sonne entfernt.

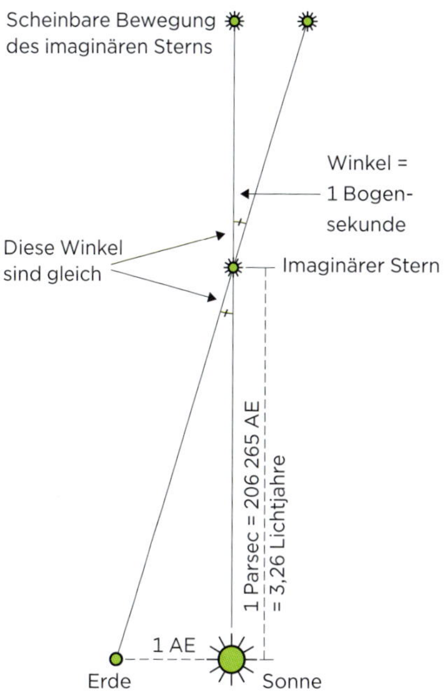

Astronomen mögen Lichtjahre nicht wirklich – sie sind keine sehr wissenschaftlich klingende Maßeinheit. Sie bevorzugen es, Parsecs (Parallaxensekunde) zu verwenden. Ein Parsec ist 3,26 Lichtjahre oder 206 265 AE lang. Obwohl wir nicht über Kilo-AE oder Kilo-Lichtjahre sprechen, sprechen wir über Kilo- und Megaparsecs. Ein Megaparsec ist eine Million Parsecs oder etwa 200 Milliarden Mal die Entfernung von der Erde zur Sonne und ein Gigaparsec ist eine Milliarde Parsecs.

Es wird angenommen, dass der Durchmesser des beobachtbaren Universums etwa 28 Gigaparsecs beträgt. Dass wir jemals eine Maßeinheit benötigen, die größer als Gigaparsec ist, erscheint kaum vorstellbar. Ein Stück Schnur wird nicht lang genug sein, um in Gigaparsecs gemessen zu werden.

Oder wie kurz?

Wenn das Stück Schnur superkurz ist, könnten wir es in Ångström (Å) messen; 1Å ist 10^{-10} m oder ein Zehnmilliardstel Meter. Der Abstand zwischen den Zentren von zwei Kohlenstoffatomen in einem Diamanten beträgt etwa 1,5 Å. Der größte Teil eines

Der Meter ist nicht gut genug

Als Anders Ångström die Einheit 1868 entwickelte, war der Standard für den Meter ein Messingstab in Paris. Wenn man sich mit einer Einheit beschäftigt, die so klein ist, dass der Abstand zwischen Atomen darin gemessen werden kann, ist ein Messingstab nicht der beste Standard – was wäre, wenn ein paar zusätzliche Atome am Ende feststeckten? Schon früh hatte Ångström einen Berechnungsfehler gemacht und so seine Messingstange auf diesen mit der in Paris abgeglichen. Der Vergleich war nicht sehr genau, und seine korrigierten Berechnungen waren schlechter als die Originale. Im Jahr 1907 wurde der Ångström als das $\frac{1}{6438,46963}$-fache der Wellenlänge einer roten Spektrallinie des Cadmiums in trockener Luft definiert.

Atoms ist ein leerer Raum. Obwohl ein Kohlenstoffatom 1,5 Å groß sein könnte, sind die Protonen und Neutronen im Kern etwa 1,6 x 10^{-15} m oder 1,6 Femtometer breit. Der Rest des Raumes wird eher zufällig von Elektronen besiedelt. Man geht davon aus, dass ein Elektron zwischen 2 x 10^{-15} m und 10^{-16} m groß ist, obwohl es ein bisschen gemogelt ist, da ein Elektron auch keine bestimmte räumliche Ausdehnung hat – das heißt, es nimmt keinen Raum ein. Wenn Sie ein Lineal mit einer Femtometer-Skala hätten, könnten Sie Atomkerne und Elektronen messen.

Kurz und super-kurz

Großartig – aber was wäre, wenn Sie ein Lineal hätten, das nur ein Tausendstel eines Femtometers lang wäre, ein Ein-Attometer-Lineal, markiert mit Zeptometern (ein Tausendstel eines Attometers)? Was könnten Sie damit messen? Sie könnten die größeren Quarks (eine Art von subatomaren Teilchen) messen, aber Top-Quarks sind kleiner als ein Zeptometer (10^{-21} m). Sie brauchen also ein neues Lineal, vielleicht ein Zeptometer-Lineal, das in Yoktometer unterteilt ist. (Wenn man einmal annimmt, das Femtometer-Lineal sei einen Kilometer lang, dann wäre der Yoktometer ein Millionstel Millimeter – und der Femtometer ist selbst kleiner als der Kern eines Atoms …)

Jetzt können wir ein Neutrino (eine andere Art subatomares Teilchen) messen, das nur einen Yoktometer breit ist (10^{-24} m). Wiederum besetzt das Teilchen den Raum nicht wirklich auf normale Weise, aber es ist der Radius des Raumes, über den seine Kraft wirkt. (Denken Sie an die Art, wie wir die Größe eines Hurrikans messen: Es gibt kein physisches Objekt, das ein Hurrikan ist, aber uns reicht es, an das Gebiet zu denken, in dem er wütet, um seine Größe zu definieren. Aber das ist ein winzig kleiner Hurrikan.) Ein Neutrino ist ein Milliardstel der Größe eines Elektrons. Wenn also ein Neutrino die Größe eines Apfels hätte, wäre ein Elektron etwa so groß wie Saturn oder zehnmal so groß wie die Erde.

Am Ende der Skala

Es gibt kein bekanntes Teilchen, das kleiner als ein Yoktometer ist – und doch gibt es eine kleinere Maßeinheit. Es wird angenommen, dass die Planck-Länge die kleinste Längeneinheit ist, die es jemals geben kann. Obwohl wir theoretisch immer kleinere Einheiten bilden würden, hätten sie keinen praktischen Nutzen. Unter der Größe der Planck-Länge – die 10^{-35} m beträgt – gelten die Gesetze der Physik nicht, sodass die Messung selbst unmöglich wird. Die einzigen Dinge, die in Planck-Längen gemessen werden könnten, sind Quantenschaum und Strings im Bereich der theoretischen Physik (wenn sie existieren). Wenn ein Apfel im Durchmesser eine Planck-Länge wäre, würde ein Elektron mehr als 10 Millionen Lichtjahre Durchmesser haben, und ein Kohlenstoffatom wäre größer als das beobachtbare Universum.

Strings und andere Dinge

Eine Theorie der modernen Physik legt nahe, dass alles - alle subatomaren Teilchen und somit alles, was darauf aufgebaut ist - aus winzigen schwingenden Energieketten besteht. Diese sogenannten Strings sind winzig - wirklich sehr winzig. Sie werden in Planck-Längen gemessen. Wenn ein einzelnes Wasserstoffatom die Größe des beobachtbaren Universums hätte, hätte ein String die Größe eines Baumes. Anstatt „Wie lang ist ein Stück Schnur?" heißt es also wohl besser „Wie kurz ist ein Stück Schnur?"

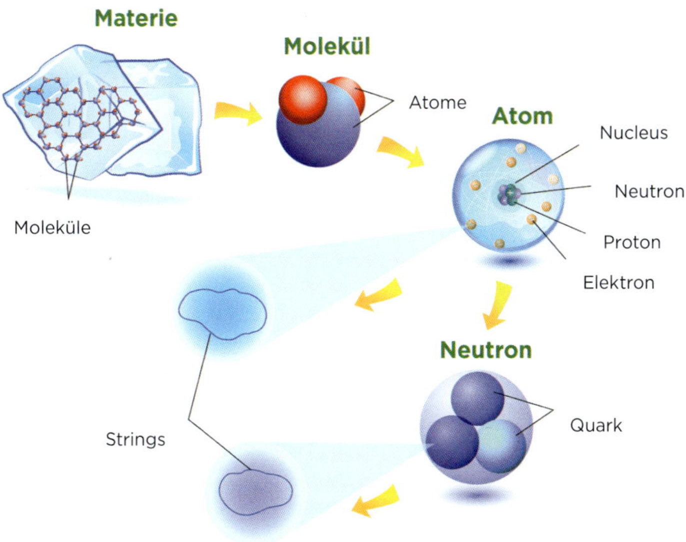

Kapitel 16

Wie korrekt ist Ihre Antwort?

Sie würden sicher keinen Wal in Millimetern oder ein Atom in Kilometern messen.

Wir haben viele verschiedene Maßeinheiten (siehe Kapitel 15), sodass wir diejenige auswählen können, die zu dem, was wir messen möchten, passt.

Eine Maßeinheit wählen ...

Wenn eine Einheit zu groß für den Gegenstand ist, den Sie messen, bekommen Sie entweder unsinnige Dezimalzahlen oder etwas Ungenaues heraus. Angenommen, ein Hund ist 69 cm groß. Das ist eine gute Einheit. Wir würden nicht sagen, dass der Hund 0,0069 km groß ist. Das Volumen des Pazifischen Ozeans beträgt rund 660 Millionen Kubikkilometer – aber wir kaufen keine Milch in Kubikkilometern. Zur Orientierung: Wenn vor oder nach den interessanten (signifikanten) Stellen viele Nullen vorhanden sind, sollten Sie besser eine andere Einheit auswählen.

Zählen und Rechnen

Das Zählen ist ganz einfach – wir können leicht zählen, wie viele Leute in einem Raum sind oder wie viele Autos es auf einem Parkplatz gibt. Aber es ist schwierig, sehr große Zahlen oder Zahlen, die nicht stabil oder fest begrenzt sind, zu zählen.

Die Sandkörner an einem Strand können aus drei Gründen nicht gezählt werden: Es gibt zu viele von ihnen, die Anzahl wird durch die Flut und den Verkehr auf dem Strand beeinflusst und es gibt keinen definitiven Rand zum Strand. Wo fängt man an zu zählen? Und wie weit erstreckt sich das Areal, das noch zum Strand gehört?

Um unter diesen Umständen eine Anzahl zu nennen, können wir diese berechnen oder schätzen. Wüsste man, dass ein Parkhaus voll ist und zehn identische Stockwerke hat, könnten wir die Autos auf einer Etage zählen und mit zehn multiplizieren, um herauszufinden, wie viele Autos sich im gesamten Parkhaus befinden. Das Ergebnis ist wahrscheinlich sehr genau. Gäbe es 80 Plätze auf jeder Etage, könnte das volle Parkhaus 800 Autos beherbergen – oder vielleicht an einem bestimmten Tag 798 oder 799, wenn ein oder zwei Autos schlecht geparkt wären.

Rechnen und schätzen

Was ist mit der Anzahl von Süßigkeiten in einem Glas? Diese zu erraten ist eine häufige Herausforderung auf Festen oder Messen. Es ist am einfachsten, wenn die Süßigkeiten alle die gleiche Größe und Form haben (vorzugsweise Kugeln oder Würfel) und das Glas die gleiche Breite hat. Die Anzahl der Süßigkeiten insgesamt wird ungefähr der Anzahl der Süßigkeiten auf einer Schicht mal der Anzahl der Schichten derjenigen Süßigkeiten, die von oben nach unten gestapelt sind, entsprechen.

Machen Sie sich keine Sorgen über die Umwandlung in eine reguläre Einheit; die Süßigkeiten sind in diesem Fall die beste Einheit. Für ein rundes Glas zählen Sie (oder raten Sie, wenn Sie nicht wie ein Nerd oder ein Betrüger aussehen wollen) die Anzahl der Süßigkeiten in einer Spalte von oben nach unten und die Anzahl der Süßigkeiten in einer Reihe um das Glas herum (oder halbwegs), runden auf und verdoppeln es. Dann verwenden Sie diese Formel, wobei *h* die Höhe der Süßigkeiten und *c* der Umfang der Süßigkeiten im Glas ist:

$(c/2)^2 \times \pi \times h$ = das Volumen der Süßigkeiten

Es ist schwieriger, einen guten Schätzwert zu erhalten, wenn die Süßigkeiten ein Wirrwarr von Größen und Formen sind, wenn das Glas ziemlich klein ist oder eine ungewöhnliche Form hat. Es gibt Berechnungsmethoden, die von Wissenschaftlern entwickelt wurden, um die Packungsdichte anhand einer der Süßigkeiten zu berechnen. Allerdings geht das ein bisschen zu weit für ein Spiel auf einem Fest. Sie können eine faire Schätzung vornehmen, indem Sie mehrere Reihen und Spalten der Süßigkeiten zählen und den Mittelwert in der Formel verwenden. (Dieses Spiel ist sowieso auf dem absteigenden Ast – Sie können mittlerweile mittels einer Handy-App die Anzahl der Süßigkeiten in einem Glas berechnen.)

Stichproben

Zumindest klettern die Süßigkeiten nicht in das Glas oder heraus oder bewegen sich darin. Sie verstecken sich auch nicht vor Ihnen. Was, wenn Sie wissen wollten, wie viele Krähen in einer Baumgruppe leben? Sie kommen und gehen, sie verstecken sich in ihren Nestern, und es gibt eine Menge von ihnen. Die beste Methode besteht darin, einige Bäume im Laufe der

Zeit stichprobenartig zu beobachten und daraus Schlüsse zu ziehen, indem die geschätzte Anzahl der beobachteten Krähen mit der geschätzten Anzahl der Bäume multipliziert wird. Das Durchführen von Stichproben ist eine Methode, die in Umfragen verwendet wird, um vorherzusagen, wie die Leute abstimmen werden, oder um Zahlen wie den Alkoholkonsum oder eine zurückgelegte Entfernung zu schätzen. Um ein Ergebnis zu erhalten, das als zuverlässig und statistisch nützlich angesehen werden kann, muss eine Schätzung basierend auf einer Stichprobe eine repräsentative Stichprobe einer bestimmten Größe verwenden.

Wenn Sie die Anzahl der Vegetarier in Kanada schätzen wollten, würden Sie keine verlässliche Antwort erhalten, wenn Ihre Stichprobe aus 15 älteren Menschen in einem Pflegeheim bestehen würde oder aus 100 jungen Frauen auf einem Universitätscampus.

Die richtigen Leute finden

Um repräsentativ zu sein, muss eine Stichprobe ausreichend groß und vielfältig genug sein, um die Zusammensetzung der Bevölkerung widerzuspiegeln. Um die kanadische Bevölkerung zu repräsentieren, muss eine Umfrage Männer und Frauen aller Altersstufen, Ethnien und sozioökonomischen Gruppen in etwa den gleichen Proportionen wie in ganz Kanada berücksichtigen. Das nennt man Demografie. Das Ermitteln der richtigen Stichprobengröße ist ein ziemlich technischer Prozess, über den Sie Bescheid wissen müssten, wenn Sie selbst eine Umfrage durchführen würden. Wenn Sie nur die Ergebnisse einer Umfrage in den Medien lesen, achten Sie auf die Stichprobengröße und den demografischen Wert, um eine ungefähre Vorstellung davon zu erhalten, wie zuverlässig die Ergebnisse sein könnten. Je größer der Anteil der Probanden insgesamt ist, desto mehr kann man den Ergebnissen vertrauen – allerdings nur, wenn die Forscher nach einer repräsentativen Stichprobe gesucht haben.

Die Tabelle auf der nächsten Seite zeigt ungefähr, wie sehr Sie den Ergebnissen für verschiedene Stichprobengrößen und Grundgesamtheiten vertrauen können.

Wenn Sie beispielsweise eine Bevölkerung von mehr als einer Million Menschen haben (wie es in Kanada der Fall ist), müssten Sie 9513 Personen befragen, um ein Ergebnis mit einer Fehlerquote von nur 1% zu erhalten (d.h. eine Genauigkeit von ± 1%). Sie könnten dann ein 99%iges Vertrauen in das Ergebnis haben. Auch hier ist die Verwendung einer repräsentativen Stichprobe entscheidend. Wenn Sie etwas über die Ernährungsgewohnheiten der kanadischen Bevölkerung erfahren wollten, würde eine Probe von Hindus (hauptsächlich Vegetarier) oder Holzfällern (hauptsächlich Fleischesser) keine zuverlässige Antwort geben.

Grundgesamtheit	Fehlerquote			Vertrauens-Level		
	10%	5%	1%	90%	95%	99%
100	50	80	99	74	80	88
500	81	218	476	176	218	286
1000	88	278	906	215	278	400
10000	96	370	4900	264	370	623
100000	96	383	8763	270	383	660
+1000000	97	384	9513	271	384	664

Signifikante Stellen

Ein Kennzeichen, das auf eine falsche Genauigkeit und damit eine unbeholfene Verarbeitung und Berichterstattung von Statistiken hindeutet, ist die Angabe von mehr signifikanten Stellen als nötig.

Signifikante Stellen sind die Ziffern, die eine Bedeutung haben und echte Details in einer Zahl zeigen – sie enthalten keine Nullen, die nur Platzhalter sind. Die Zahl 103,75 hat fünf signifikante Stellen, die bedeutendste ist die 1, da sie angibt, dass die Zahl im 100er-Bereich liegt. Die Zahl 121000 hat wahrscheinlich nur drei signifikante Zahlen – es sei denn, die angegebene Zahl ist genau 121000.

Wir begrenzen signifikante Stellen beim Auf- oder Abrunden. Wenn das Ergebnis einer Berechnung wahrscheinlich nicht sehr genau ist, ist es sinnvoll, es auf die Zahlen zu runden, die wahrscheinlich korrekt sind. Wenn Sie zum Beispiel die Sandkörner in einem Teelöffel gezählt und dann berechnet haben, dass es 445 341 909 Körner in einem Container voller Sand gibt, ist dies präzise, aber wahrscheinlich nicht sehr genau. Es wäre vernünftig, es auf 450 000 000 auf- oder auf 400 000 000 abzurunden, da Sie bei einer Berechnung wie dieser nicht auf 50 000 genau sein können. Die Bevölkerung der Welt, die unmöglich genau zu zählen ist und sich ständig verändert, wird oft mit 7,5 Milliarden angegeben. Eine aktuelle Schätzung (im Jahr 2018) beträgt 7 635 250 000. Eine genauere Zahl würde auch kein exakteres Ergebnis bringen, sondern nur suggerieren, dass wir mehr wissen, als wir es tatsächlich tun. Manchmal führt eine Kalkulation zu einem Ergebnis mit signifikanteren Stellen, als es angemessen ist zu zeigen. Angenommen, Sie wollten die Fläche eines runden Teppichs mit einem Durchmesser von 120 cm wissen.

Genau Pi?

PI (π) ist eine irrationale Zahl, was bedeutet, dass die Nachkommastellen in einer endlosen Folge weiter und weiter gehen. Obwohl Computer inzwischen Milliarden von Stellen berechnet haben, glauben Mathematiker, dass es normalerweise keinen Sinn macht, mehr als 39 Dezimalstellen zu verwenden, da dies ausreicht, um die Größe des bekannten Universums auf die Größe eines Atoms zu reduzieren.

Der Ausdruck, der die Fläche eines Kreises angibt, ist πr^2, sodass für einen Kreis mit einem Radius von 60 cm die Fläche 11 309,7336 cm^2 beträgt. Für die meisten Zwecke wäre die Angabe 11 300 cm^2 genau genug. In jedem Fall ist es nicht angebracht, die Zahlen hinter dem Dezimalkomma anzugeben, da der Radius des Teppichs nicht mit dieser Genauigkeitsstufe gemessen wurde. Ihre Einbeziehung weist auf einen höheren Grad an Präzision hin, als er tatsächlich erreicht wurde.

Kapitel 17

Werden wir alle sterben?

Pandemien sind gruselig.

Eine Pandemie ist eine Epidemie, die sich über Kontinente oder sogar die ganze Welt verbreitet.

Zum Teufel mit den Plagen

Die bekannteste Pandemie ist die Pest, die von 1346 bis 1350 in Asien, Europa und Afrika bis zu 50 Millionen Menschen tötete. Die meisten Medizinhistoriker glauben, es sei eine besonders bösartige Form von *Yersinia pestis*, dem Bakterium, das die Beulenpest hervorruft, gewesen. Die nächste große Pandemie wurde 1918/1919 durch einen neuen Stamm des Grippevirus verursacht. Sie verbreitete sich um die Welt und tötete 50 bis 100 Millionen Menschen. Die Zahlen sind denen der Pestopfer ähnlich, aber die Weltbevölkerung war 1918 (fast zwei Milliarden) viel größer als 1346 (ungefähr 400 Millionen). Könnte so etwas wieder passieren?

Sollten wir Angst haben?

Es ist zwar beruhigend, dass globale Pandemien in diesem Ausmaß nur zweimal aufgetreten sind. Aber die Welt hat sich in den letzten 100 Jahren verändert. Mit den modernen und schnellen Reisemöglichkeiten würde die Pest nur Wochen oder Monate brauchen, um sich über den Globus zu verbreiten. Anders als im Mittelalter, als sich niemand schneller vorwärts bewegen konnte als ein Pferd (oder mehrere). Die Rechnung geht heute anders auf ...

Der Weg eines Krankheitserregers zum Erfolg

Epidemische und pandemische Erkrankungen wie Grippe und Beulenpest werden durch Krankheitserreger - oft Bakterien oder Viren - verursacht. Um eine Pandemie zu verursachen, muss ein Krankheitserreger

- leicht übertragbar sein,
- sich übertragen, bevor die Menschen so krank sind, dass sie nicht hinausgehen und Kontakte zu anderen potenziellen Opfern aufnehmen können,
- Betroffene so lange am Leben lassen, dass diese den Erreger weitergeben können.

Idealerweise benötigt ein Krankheitserreger auch etwas Mathematik, um seine Verbreitung sicherzustellen.

Immer und immer wieder – Reproduktionsrate

Die kritische Zahl bei der Festlegung, ob eine Pandemie auftreten kann, ist die grundlegende Reproduktionszahl der Krankheit, bekannt als R_0.

Man berechnet, wie viele andere Menschen ein einzelner, typischer Kranker infizieren wird, solange er ansteckend ist – das heißt, bis er

entweder stirbt, die Krankheit besiegt und/oder nicht mehr ansteckend ist. Je höher der R_0, desto höher ist die Wahrscheinlichkeit, dass der Erreger eine Pandemie verursacht. Wenn in einem einfachen Modell $R_0 < 1$ ist, wird es keine Epidemie geben und wenn $R_0 > 1$ ist, wird es eine Epidemie geben, auch wenn es in der Praxis etwas komplizierter ist. R_0 kann berechnet werden, indem man Daten über Einzelfälle sammelt und deren Kontakte und Infektionsraten aufspürt, oder indem man Daten über die Infektionsrate in der gesamten Bevölkerung sammelt. Die beiden Methoden führen zu ganz unterschiedlichen Ergebnissen, was die Epidemiologie zu einer Herausforderung macht.

Die Formel, um R_0 zu berechnen, lautet:

$$\mathbf{R_0 = \tau \times \bar{c} \times d}$$

τ ist die Übertragbarkeit – das heißt, die Wahrscheinlichkeit einer Infektion, wenn eine infizierte Person in Kontakt mit einer anfälligen Person kommt. Wenn eine infizierte Person Kontakt mit vier Personen hat und eine von ihnen infiziert wird, steht die Übertragbarkeitswahrscheinlichkeit bei 1 zu 4 oder ¼.

$\bar{c}$ ist die durchschnittliche Kontaktrate zwischen anfälligen und infizierten Personen, berechnet als Kontakte geteilt durch die Zeit. Wenn es 70 Kontakte zwischen einer infizierten Person und einer empfänglichen Person über eine Woche gibt, beträgt die Kontaktrate pro Tag $^{70}/_{7} = 10$.

d ist die Dauer der Infektion – wie lange jemand infektiös bleibt (in derselben Zeiteinheit wie $\bar{c}$ berechnet). Wenn eine Krankheit die Menschen für vier Tage infektiös macht, die Übertragbarkeitswahrscheinlichkeit ¼ und die Kontaktrate 10 ist, dann ergibt sich diese Formel:

$$\mathbf{R_0 = \tfrac{1}{4} \times 10 \times 4 = 10}$$

Dieser Krankheitserreger hat gute Chancen, viele Menschen zu infizieren! Ein weiterer wichtiger Faktor ist, wie viele Menschen anfällig sind. Menschen sind nicht anfällig, wenn sie immun sind, entweder weil sie vorher eine bestimmte Krankheit hatten oder gegen sie geimpft wurden. Bei einer neuen Krankheit oder einem neuen Erregerstamm ist es wahrscheinlich, dass jeder sehr anfällig ist, was die Verbreitung der Krankheit wesentlich erleichtert.

Generell gilt, je höher der R_0-Wert ist, desto schwieriger ist es, die Ausbreitung einer Krankheit zu kontrollieren. Da es viele Möglichkeiten gibt, R_0 zu berechnen, sind die Zahlen nicht sehr zuverlässig oder notwendigerweise direkt vergleichbar. Aber sie sind die besten, die wir haben – die Erreger sitzen hier am längeren Hebel.

Achtung – Es geht um Krankheiten

R_0-Werte einiger verbreiteter epidemischer Krankheiten:

Krankheit	R_0-Wert
Masern	12–18
Pertussis (Keuchhusten)	12–17
Diphterie	6–7
Polio	5–7
SARS	2–5
Grippe (Pandemie 1918)	2–3
Ebola (Ausbruch 2014)	1,5–2,5

Wir sind keine Nummern

R_0 kann lediglich eine Annäherung sein. Er basiert normalerweise auf der Annahme, dass die Population und die Anzahl der Kontakte darin homogen sind (gleichmäßig gemischt). Aber das ist in der Realität selten der Fall, weil manche Menschen anfälliger sind als andere. Zum Beispiel werden sich einige Leute in einer großen, aber inhomogenen Gruppe vermischen, etwa bei Lehrern, die in Kontakt mit Gruppen von Kindern stehen, oder bei älteren Menschen, die in einem Pflegeheim leben. Diejenigen, die alleine oder in einer abgelegenen Gemeinschaft leben, werden nur begrenzten Kontakt mit anderen haben.

Alles verändert sich

Der R_0 einer Krankheit ändert sich im Verlauf einer Epidemie oder einer Pandemie. Zwei der Werte in der Berechnung, Übertragbarkeit und Kontaktrate, hängen von der Anzahl der anfälligen Personen ab. Dies nimmt mit dem Fortschreiten der Epidemie ab, da die Zahl der anfälligen Menschen sinken wird; Menschen sind nicht mehr anfällig, sobald sie sich von der Krankheit erholt haben (oder gestorben sind). Zu Beginn sind alle Kontakte einer infizierten Person anfällig (bei einer ungeimpften Bevölkerung):

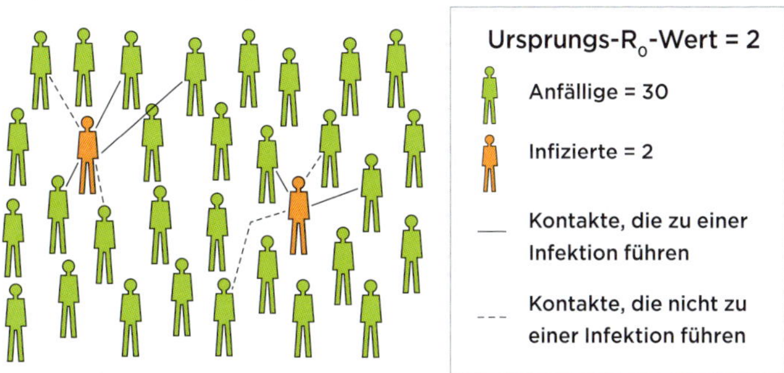

Nach der Epidemie haben viele der Kontakte bereits die Krankheit gehabt und sind somit nicht mehr anfällig dafür:

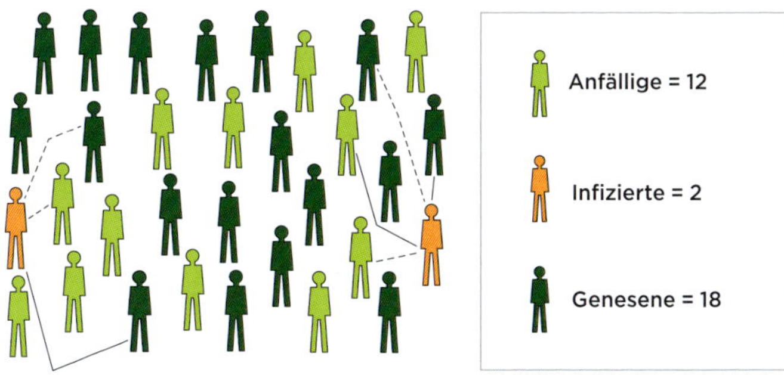

Der R_0-Wert ist in der Spätphase einer Epidemie niedriger. Irgendwann wird er unter eins fallen und die Epidemie neigt sich ihrem Ende zu.

Lassen Sie sich impfen!

Impfstoffe wirken, indem sie die Anzahl anfälliger Menschen in einer Population reduzieren. Wenn die meisten Menschen geimpft werden, sind die Chancen, dass eine infektiöse Person mit einer anfälligen Person in Kontakt kommt, gering, sodass eine Epidemie nicht ausbrechen kann. Dies wird als Herdenimmunität bezeichnet und schützt diejenigen, die keine Impfungen bekommen können (weil sie zum Beispiel Krebs oder HIV haben). Es verringert die Wahrscheinlichkeit, dass diese Menschen mit einer infizierten Person in Berührung kommen, weil die meisten Menschen, denen sie begegnen, immun sind. Kommen sie mit der Krankheit in Berührung, werden sie keinen persönlichen Schutz dagegen haben: Je größer die Herdenimmunität ist, desto sicherer sind sie.

Wenn ein Impfstoff 100 % wirksam bei der Vorbeugung von Krankheiten ist, ist der Anteil der Menschen in einer Bevölkerung, die geimpft werden müssen, um eine Epidemie zu verhindern, ungefähr durch diese Formel zu berechnen:

$$1 - 1/R_0$$

Dies bedeutet, dass bei einer drohenden Epidemie einer tödlichen Grippe mit einem R_0 von 3 laut der Formel $1 - 1/3 = 2/3$ der Menschen geimpft werden müssten, um die Epidemie zu verhindern. Masern haben einen R_0 von 12-18. Lassen Sie uns der Einfachheit halber mit 15 rechnen. Das bedeutet, dass $1 - 1/15 = 14/15$ oder 93 % der Menschen geimpft werden müssten, um die Ausbreitung der Masern in der Bevölkerung zu stoppen.

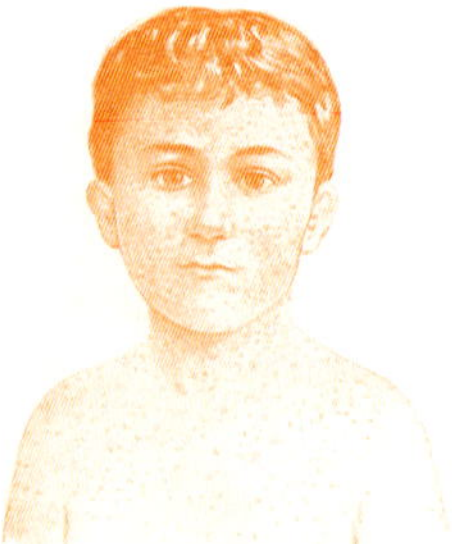

Ungefähr 20 % der Amerikaner glauben fälschlicherweise, dass Impfungen Autismus verursachen können, und einige lehnen es aus diesem Grund ab, ihre Kinder zu impfen. In den USA lag die nationale Akzeptanz im Jahr 2015 bei 91,1%, in einigen Gebieten lag sie jedoch bei nur 81% für Vorschulkinder, wodurch diese Gebiete anfälliger für eine Masernepidemie wurden.

Kapitel 18

Wo sind die Aliens?

Sicherlich sind wir nicht die einzigen intelligenten Lebensformen im Universum – aber wenn nicht, wo sind sie alle?

Betrachtet man nur unsere Ecke des Universums, dann werden allein hier 300–400 Milliarden Sterne in der Milchstraße vermutet. Unsere Galaxie ist nicht einmal sehr groß: Riesige elliptische Galaxien haben jeweils etwa 100 Billionen Sterne. Mit mehr als 170 Milliarden Galaxien im beobachtbaren Universum könnte es 10^{22} bis 10^{24} Sterne geben. Selbst 10^{22} Sterne sind 10 000 Sterne für jedes Sandkorn an allen Stränden der Welt und 10^{24} sind 1 000 000 Sterne für jedes Sandkorn. Es wäre unglaublich arrogant anzunehmen, dass wir so einzigartig sind, dass es keine anderen technologisch fortgeschrittenen Zivilisationen in einem Universum von 10^{22} Sternen gibt.

Beobachtbares Universum

Das beobachtbare Universum ist eine Kugel, die auf die Erde zentriert ist und rund 92 Milliarden Lichtjahre Durchmesser hat. Es könnte eine Menge Universen darüber hinaus geben, aber wir können es nicht wissen, da irgendein Licht, das es ausgesendet haben könnte, uns noch nicht erreicht hat, selbst nach

„Intelligentes Leben im All? Garantiert. Intelligentes Leben in unserer Galaxie? So überwältigend wahrscheinlich, dass ich Ihnen fast alle Chancen geben würde, die Sie gerne hätten."

Paul Horowitz, Geschäftsführer von SETI (Search for Extra-Terrestrial Intelligence, 1996)

13,8 Milliarden Jahren. Es wird wahrscheinlich mehrere Universen geben, von denen wir nichts wissen. Die Wahrscheinlichkeit, dass wir zufällig genau in der Mitte eines kugelförmigen Universums sind, ist winzig. Es scheint also sehr wahrscheinlich, dass intelligente Wesen irgendwo anders im Universum existieren, aber sie könnten zu weit entfernt sein, um uns zu kontaktieren, selbst wenn sie es wollten. Aber wie steht es mit der Wahrscheinlichkeit eines intelligenten Lebens unter den 300 bis 400 Milliarden Sternen, die unsere eigene Galaxie ausmachen? Das können wir vielleicht beantworten – eines Tages.

Größe und Geschwindigkeit des Lichts

Der Radius des beobachtbaren Universums beträgt mehr als 13,8 Milliarden Lichtjahre, obwohl das Universum schätzungsweise 13,8 Milliarden Jahre alt ist. Dies liegt daran, dass die Ausdehnung des Weltraums während dieser Zeit die äußersten Teile weiter weg geschoben hat. Licht, das vor 13,8 Milliarden Jahren zu uns aufgebrochen ist, stammt von Objekten, die heute rund 46 Milliarden Lichtjahre entfernt sind.

Das Fermi-Paradoxon

Der italienische Physiker Enrico Fermi (1901–1954) stellte sich 1950 die Frage, warum – wenn es andere Intelligenzen im Universum gibt – wir keinen Kontakt zu Aliens haben oder irgendwelche Anzeichen von Aliens bemerkt haben.

Diese Frage hat Astronomen seither verwirrt und viele Theorien über Hindernisse in der technologischen Entwicklung oder die Entwicklung und das Überleben von Arten ausgelöst und die alte Frage, ob wir wirklich etwas Besonderes sind, verstärkt.

Die Drake-Gleichung

Die Drake-Gleichung versucht, die Wahrscheinlichkeit eines intelligenten Lebens außerhalb der Erde, aber innerhalb unserer eigenen Galaxie zu bestimmen. Wir haben noch nicht die Daten, um alle Variablen zu füllen, aber sie zeigt, wie die Wahrscheinlichkeitsberechnung durchgeführt werden könnte, wenn wir die richtigen Daten hätten.

Es gibt ein paar leicht unterschiedliche Versionen. Die intuitivere Version sieht folgendermaßen aus:

$$\mathbf{N = N^* \times f_p \times n_e \times f_l \times f_i \times f_c \times f_L}$$

In dieser Formel ist:

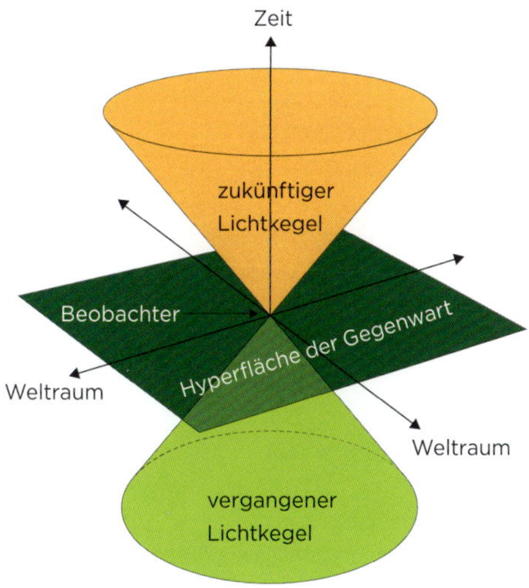

N die Anzahl der Zivilisationen, deren elektromagnetische Emissionen in unserer Galaxie nachweisbar sind (also diejenigen, die sich auf unserem aktuellen Lichtkegel befinden, siehe Diagramm).

N* die Anzahl der Sterne in der Milchstraße.

$\mathbf{f_p}$ der Anteil jener Sterne, die Planeten haben.

$\mathbf{n_e}$ die durchschnittliche Anzahl von Planeten pro Sonnensystem, die möglicherweise das Leben unterstützen können.

f_l der Anteil der Planeten, die das Leben unterstützen könnten, das sich tatsächlich irgendwann entwickelt,

f_i der Anteil der belebten Planeten, auf denen sich das intelligente Leben weiterentwickelt (Zivilisationen),

f_c der Anteil der Zivilisationen, die eine Technologie entwickeln, die nachweisbare Zeichen ihrer Existenz im Weltraum aussendet,

f_L der Anteil des Lebens des Planeten, in dem die kommunizierenden Zivilisationen leben.

Obwohl die Chancen für intelligentes Leben schlecht stehen, sollten wir bedenken, dass wir mit 300 oder 400 Milliarden Sternen in unserer Galaxie beginnen und dass es immer wahrscheinlicher erscheint, dass Planeten die Norm sind und nicht die Ausnahme.

Planetmania

Bis vor Kurzem wussten wir nicht, ob andere Sterne in der Milchstraße Planeten besitzen. Aber jetzt ist die Suche nach Exoplaneten (Planeten außerhalb unseres eigenen Sonnensystems) in vollem Gange und verändert viel. Bis April 2015 waren mehr als 1900 Exoplaneten in über 1200 verschiedenen Planetensystemen bekannt.

Lassen Sie uns mit einigen hypothetischen Zahlen experimentieren. Nehmen wir an, 15 % der Sterne in der Galaxie sind sonnenähnlich und könnten Planeten (f_p) haben. Dieser Prozentsatz liegt ungefähr in der Mitte der aktuellen Schätzungen von 5 % bis 22 %.

400 Milliarden x 0,15

In unserem Sonnensystem von Planeten ist der Mars, neben der Erde, der einzige Planet, von dem angenommen wird, dass auf ihm Leben möglich war oder er das Potenzial dazu hätte, also geben wir n_e den Wert 2:

400 Milliarden x 0,15 x 2

Viele Wissenschaftler glauben, dass das Leben nach nur einer Milliarde Jahren auf der Erde begann. Bedeutet das, dass das Leben dann beginnt, wenn die Bedingungen stimmen?

Aber wir haben kein Leben auf anderen Planeten und Monden im Sonnensystem, die aussehen, als wäre hier Leben möglich, gefunden. Vielleicht deutet das darauf hin, dass sich dieses potenzielle Leben nicht so gern zeigt – wir wissen es nicht. Schätzungen, wie wahrscheinlich die Entstehung von Leben ist, reichen von 100% (sehr wahrscheinlich) bis fast 0% (unwahrscheinlich). Wählen wir einen Wert dazwischen und sagen 10% (f_l):

400 Milliarden x 0,15 x 2 x 0,1

Auf wie vielen dieser Planeten haben sich intelligente Lebensformen (f_i) entwickelt? Das ist sehr schwer zu schätzen. Einige Wissenschaftler denken, dass Intelligenz so einfach aus dem

Nichts auftaucht, mit einer Wahrscheinlichkeit von 100% – andere halten das für ziemlich selten. Sagen wir zu 1% wahrscheinlich:

400 Milliarden x 0,15 x 2 x 0,1 x 0,01

Jetzt wird es hoch spekulativ. Wir haben keine Ahnung, wie wahrscheinlich es ist, dass eine intelligente Spezies eine technologische Zivilisation aufbaut und nachweisbare elektromagnetische Signale (f_c) erzeugt. Es könnte 1 von 10 oder 1 von 1 Million sein. Nehmen wir an, es sei 1 von 10000:

400 Milliarden x 0,15 x 2 x 0,1 x 0,01 x 0,0001 = 12000

Wir haben also 12000 Zivilisationen in der Milchstraße, welche Signale erzeugen, die wir erkennen können. Das sieht zwar vielversprechend aus, aber am wichtigsten ist, dass sie sich rechtzeitig mit uns überschneiden – oder vielmehr, die Ankunft ihrer Transformationen muss sich zeitlich mit uns überschneiden – und hier wird es noch deprimierender: Wenn eine Zivilisation 10000 Jahre (die Dauer der menschlichen Zivilisation bis jetzt) lang in der Lage ist, elektromagnetische Aktivität auszuüben und ihr Planet seit 10 Milliarden Jahren existiert, dann ist f_L: $10^3 \div 10^9 = 1/10^{-6}$

12000 x 10^{-6} = 0,012

Es besteht also eine 98,8%ige Chance, dass gerade niemand Signale in unserer Galaxie hört oder ausstrahlt. Natürlich sind alle unsere Zahlen hoch spekulativ und könnten völlig falsch sein. Wenn die Hälfte aller Sterne Planeten hat, auf denen Leben möglich ist, wenn Leben sich mit Sicherheit weiterentwickelt und intelligent wird, wenn 10 % des intelligenten Lebens elektromagnetische Kommunikation entwickeln und wenn die erfolgreichsten Arten, wie Haie, 350 Millionen Jahre überleben, dann sehen die Zahlen ganz anders aus: Dann haben wir 14 Milliarden kommunizierende Lebensformen! Das ist mehr als eine Billion mal so viel, als die konservativeren Zahlen andeuten.

Nicht bereit

Man sagt, dass das erste Signal, das genug Kraft hatte, um die Ionosphäre der Erde zu verlassen, Hitlers Eröffnungsrede bei den Olympischen Spielen in Berlin 1936 war. Vielleicht beobachteten Außerirdische die Übertragung und gaben die Hoffnung auf, dass es sich bei der Erde um eine Zivilisation handelt, die es wert ist, kontaktiert zu werden – zumindest für ein paar tausend Jahre.

Kapitel 19

Was ist das Besondere an Primzahlen?

Primzahlen sind nützlicher, als Sie vielleicht denken, in Anbetracht dessen, dass sie sich überhaupt nicht wirklich an der Mathematik beteiligen wollen.

Primzahlen sind Zahlen, die nur durch sich selbst und 1 teilbar sind. Das bedeutet, dass eine Primzahl nicht das Produkt einer Multiplikationssumme ist (nur positive ganze Zahlen), außer:

[Primzahl] x 1 = [Primzahl]

Primzahlen und zusammengesetzte Zahlen

Zusammengesetzte Zahlen sind Zahlen, die andere Faktoren als sich selbst und 1 haben. Also sind alle positiven ganzen Zahlen außer 0 und 1 entweder Primzahlen oder Kompositionen. Jede dieser zusammengesetzten Zahlen kann als Produkt von Primfaktoren ausgedrückt werden, was bedeutet, dass sie in eine Multiplikationssumme zerlegt werden kann, die nur Primzahlen enthält.

Spezialfälle

Die Null und die Eins werden nicht als Primzahlen betrachtet. Während des 19. Jahrhunderts hielten viele Mathematiker die Eins für eine Primzahl, aber das ist nicht mehr erlaubt. Die Zwei ist die einzige gerade Primzahl.

Das deutet auf die Wichtigkeit von Primzahlen hin: Sie sind die Bausteine, aus denen wir alle Zahlen erstellen können.

Primzahlsatz

Der Primzahlsatz, der im 19. Jahrhundert bewiesen wurde, besagt, dass die Wahrscheinlichkeit, dass eine gegebene, zufällig gewählte Zahl *n* eine Primzahl ist, proportional zu ihrer Anzahl an Ziffern oder dem Logarithmus von *n* ist. Das heißt, je größer die Zahl ist, desto weniger wahrscheinlich ist sie eine Primzahl. Der durchschnittliche Abstand zwischen aufeinanderfolgenden Primzahlen bis hin zu *n* ist ungefähr der Logarithmus von *n*, oder *ln (n)*.

Primzahlen finden

Ein Primzahltest ist eine Probe. Wenn *n* die Zahl ist, die untersucht wird, versuchen Sie, diese durch alle Zahlen größer als 1 und kleiner als ½*n* zu teilen. Dies ist für große Zahlen mühsam, weshalb verschiedene Methoden verwendet werden, im Allgemeinen durch Computer.

Die bisher größte entdeckte Primzahl (Stand: April 2015) hat 17 425 170 Ziffern und ist $2^{57\,885\,161} - 1$. Es lohnt sich nicht, lange aufzubleiben, um mehr Ziffern herauszufinden, es sei denn, Sie sind sehr engagiert. Die Electronic Frontier Foundation lobt einen Preis für die erste Primzahl mit mindestens 100 Millionen Ziffern aus, und auch für die erste Primzahl mit mindestens einer halben Milliarde Ziffern. Einige der größten mathematischen Gehirne und mittlerweile auch die ausgeklügeltsten Computerprogramme haben nach Mustern bei den Primzahlen gesucht, aber bisher ist kein vorhersehbares Muster gefunden worden.

Das Sieb von Eratosthenes

Der altgriechische Mathematiker Euklid von Alexandria, der im 2. oder 3. Jahrhundert v. Chr. lebte, war die erste Person, von der wir wissen, dass sie Primzahlen kannte. Ein anderer griechischer Mathematiker, Eratosthenes, aus dem 2. Jahrhundert v. Chr. führte sein sogenanntes „Sieb" zur Identifizierung von Primzahlen ein. Man kann es nur bei relativ kleinen Zahlen anwenden, aber es ist einfach zu verstehen.

Erstellen Sie ein Raster mit 10 Spalten und so vielen Zeilen, wie Sie für die Zahlen benötigen, die Sie überprüfen möchten: Wenn Sie bis *n* überprüfen möchten, benötigen Sie ein Raster von 1 bis *n*. Beginnen Sie mit 4, gehen Sie das Gitter durch und streichen alle Vielfachen von 2 durch. Dann streichen Sie alle Vielfachen von 3, von 5, von 7 und so weiter durch und arbeiten sich durch die Primzahlen. Wenn Sie bis zu den Vielfachen von ½*n* –1 gekommen sind, können Sie stoppen, da größere Zahlen nicht die Faktoren von *n* oder weniger sein können. Die Zahlen, die nicht durchgestrichen sind, sind Primzahlen.

~~1~~	2	3	~~4~~	5	~~6~~	7	~~8~~	~~9~~	~~10~~
11	~~12~~	13	~~14~~	~~15~~	~~16~~	17	~~18~~	19	~~20~~
~~21~~	~~22~~	23	~~24~~	~~25~~	~~26~~	~~27~~	~~28~~	29	~~30~~
31	~~32~~	~~33~~	~~34~~	~~35~~	~~36~~	37	~~38~~	~~39~~	~~40~~
41	~~42~~	43	~~44~~	~~45~~	~~46~~	47	~~48~~	~~49~~	~~50~~
~~51~~	~~52~~	53	~~54~~	~~55~~	~~56~~	~~57~~	~~58~~	59	~~60~~
61	~~62~~	~~63~~	~~64~~	~~65~~	~~66~~	67	~~68~~	~~69~~	~~70~~
71	~~72~~	73	~~74~~	~~75~~	~~76~~	~~77~~	~~78~~	79	~~80~~
~~81~~	~~82~~	83	~~84~~	~~85~~	~~86~~	~~87~~	~~88~~	89	~~90~~
~~91~~	~~92~~	~~93~~	~~94~~	~~95~~	~~96~~	97	~~98~~	~~99~~	~~100~~

Ulam-Spirale

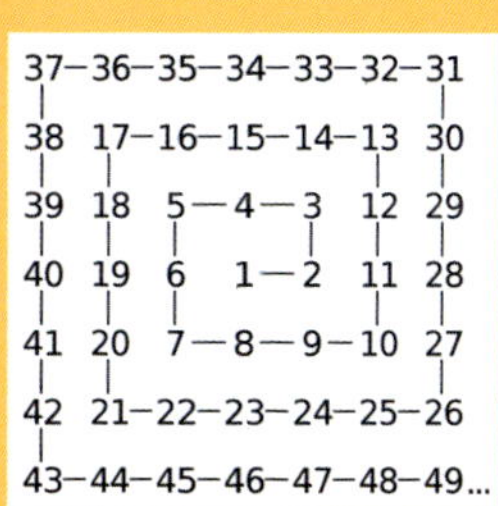

1963 kritzelte Stanislaw Ulam während einer wissenschaftlichen Präsentation aus Langeweile vor sich hin, als er eine erstaunliche Entdeckung machte. Er zeichnete eine Zahlenspirale mit 1 in der Mitte (links). Danach isolierte er alle Primzahlen (mitte rechts).

Ulam bemerkte eine Neigung der Primzahlen, auf Diagonalen zu fallen. Je größer die Spirale, desto deutlicher wird das Muster. Einige fallen auch auf horizontale oder vertikale Linien, aber nicht in gleichem Maße.

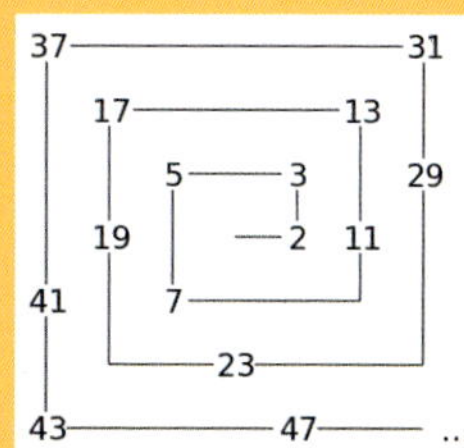

Wenn ein Computerprogramm verwendet wird, um ein weißes Pixel für eine zusammengesetzte Zahl und ein schwarzes Pixel für eine Primzahl zu zeichnen, erscheinen die Diagonalen in einer Ulam-Spirale deutlich.

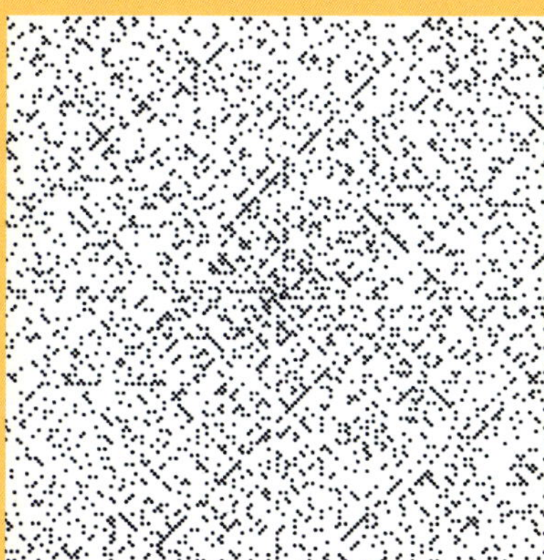

Ein Vergleich mit einer gleichen Anzahl von Zufallszahlen zeigt, dass die Diagonalen wirklich da sind. Es ist immer noch kein vorhersehbares Muster, doch immerhin eine verlockende Andeutung, dass es irgendwo ein Muster geben könnte.

Leider vernachlässigt

Zwischen der Zeit der alten Griechen und dem 17. Jahrhundert gab es wenig Interesse an Primzahlen. Selbst im 17. Jahrhundert hatten Primzahlen keinen tatsächlichen Nutzen außerhalb reiner Mathematik. Erst im Computerzeitalter wurden sie interessant, als es nötig wurde, Verschlüsselungsalgorithmen zu entwickeln.

Primzahlen gehen an die Arbeit

Primzahlen lagen sozusagen auf der faulen Haut, bis die Notwendigkeit der Datenverschlüsselung aufkam. Jetzt senden wir täglich Milliarden von sicheren Transaktionen und anderen geheimen Daten über das Internet. Primzahlen bilden das Äquivalent zu den Sicherheits-Lieferwagen, mit denen Daten transportiert werden.

Beginnen Sie, indem Sie zwei sehr große Primzahlen zu einer zusammengesetzten Zahl multiplizieren:

$\mathbf{P_1 \times P_2 = C}$

Die zusammengesetzte Nummer wird verwendet, um einen Code zu generieren, der als öffentlicher Schlüssel bezeichnet wird und von der Bank (oder wem auch immer) an die Person gesendet wird, die ihre Daten verschlüsseln möchte. Wenn Sie etwas online kaufen, werden Ihre Kreditkartendetails mit dem öffentlichen Schlüssel codiert, wobei die Verschlüsselung am Ende der Verbindung erfolgt. Die verschlüsselten Daten wären ein Kauderwelsch, wenn sie während des Transports abgefangen würden. Wenn Ihre Kartendetails am anderen Ende ankommen, wird der private Schlüssel – aus P_1 und P_2 erstellt – verwendet, um die Daten zu decodieren.

Dies funktioniert, weil es sehr schwierig ist, die wichtigsten Zusammensetzungen großer Zahlen zu finden. Jeder Hacker, der die Daten abfängt, müsste 1000 Jahre am Computer verbringen, um den Code zu knacken und die ursprünglichen Primzahlen herauszufinden. Weil es so schwierig ist, moderne Verschlüsselung zu knacken, würden manche Regierungen lieber eine „Hintertür“ in ihre Systeme einbauen lassen, damit es ihnen leichter fällt zu sehen, was die Leute tun.

Kapitel 20

Wie stehen die Chancen?

Wir arbeiten alle mit Wahrscheinlichkeiten, also Zufall oder Risiko, jeden Tag, auch wenn wir uns dessen nicht bewusst sind.

Zum Beispiel, wenn Sie ein Lotterielos kaufen – oder einfach die Straße überqueren –, haben Sie es mit der Wahrscheinlichkeit zu tun.

Entgegen allen Erwartungen?

Wahrscheinlichkeit steht im Mittelpunkt des Glücksspiels. In der Tat war es das Glücksspiel, das die erste Wirkung in der Wahrscheinlichkeit hervorrief, das mathematische Gesicht des Zufalls oder Risikos. Ein Casino-Besitzer oder Buchmacher muss die Wahrscheinlichkeit gut genug einschätzen, um die meiste Zeit voraus zu sein, sonst machte er keinen Gewinn. Aber er muss die Gewinnchancen so präsentieren, dass eine Wette für die Leute attraktiv aussieht. Es gibt mehrere Möglichkeiten, dies zu tun.

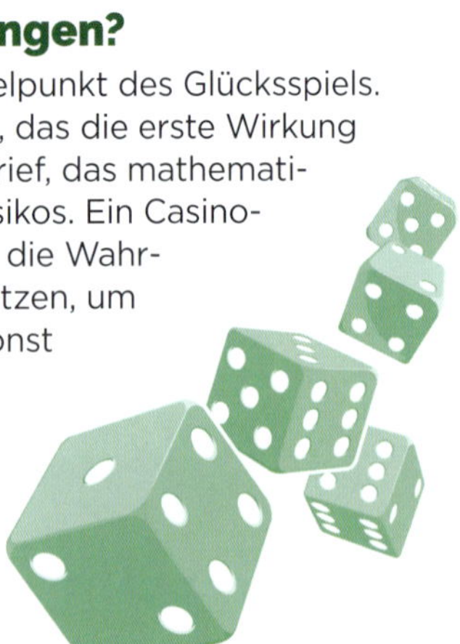

Bei Rennen offerieren die Wettanbieter Quoten für Pferde, die als Verhältniszahlen ausgedrückt werden, wie z. B.:

Dire Warning	**20 : 1**
Fancy Pants	**4 : 1**
Strange Quark	**8 : 1**
Tangent (Tangente)	**7 : 1**
Fair Bet (Faire Wette)	**5 : 1**

Es ist einfacher zu sehen, was passiert, wenn wir die Verhältniszahlen als Brüche betrachten. Die Chance 20 : 1 bedeutet, dass der Buchmacher denkt, dass Dire Warning eine 1 zu 20 oder $\frac{1}{20}$ Chance hat zu gewinnen. Fancy Pants hat eine viel bessere Chance bei $\frac{1}{4}$. Wenn wir die Quoten für alle Pferde als Bruchteile zusammenzählen, dann sollte die Summe mathematisch auf 1 kommen. Das tut sie natürlich nie, weil die Buchmacher ihren Gewinn aus der Differenz zwischen den Gesamtwetten und dem Gewinn machen. In diesem Rennen ist die Summe:

$$\frac{1}{20} + \frac{1}{4} + \frac{1}{8} + \frac{1}{7} + \frac{1}{5}$$
$$= 0{,}05 + 0{,}25 + 0{,}125 + 0{,}142857 + 0{,}2$$
$$= 0{,}767857$$

Der Unterschied zwischen dieser Summe und 1 ist 0,232143, was bedeutet, dass der Buchmacher etwas mehr als 23 % Profit macht (vorausgesetzt, die Wetten werden gleichmäßig platziert).

Offensichtlich beziehen sich die Quoten des Buchmachers nicht auf die wirklichen Chancen – der Buchmacher hat die Gewinnchancen jedes Pferdes unterbewertet. Die Wahrscheinlichkeiten müssen sich zu 1 addieren, da es sicher ein Pferd gibt, das gewinnt (es sei denn, alle Pferde fallen oder werden disqualifiziert).

Viel im Lotto

Andere Arten von Glücksspielen bieten eine geringe Chance auf einen wirklich großen Gewinn, aber eine relativ gute Chance auf einen kleinen Gewinn. Viele nationale Lotterien arbeiten so. Die Chance, den Jackpot zu gewinnen, ist sehr gering – oft 1 zu mehreren Millionen –, aber es gibt eine viel bessere Chance (vielleicht 1 zu 25), einen sehr kleinen Preis, wie etwa 10 €, zu gewinnen. Das ist schlau, denn es beruhigt die Leute, die wissen, dass die Chance, den Jackpot zu gewinnen, winzig ist, indem man ihnen zeigt, dass sie zumindest ihren Einsatz nicht verlieren.

Die Werbung verspricht, dass es „50 000 Preise pro Woche" oder etwas Ähnliches gibt. Wie wir in Kapitel 9 gesehen haben, wird sofort auf die große Anzahl von Preisen hingewiesen. Diese Nenner-Vernachlässigung bedeutet, dass wir es nicht als eine Chance von z. B. 50 000 pro 3,5 Millionen oder nur 1 von 70 betrachten. Spielautomaten arbeiten nach dem gleichen Prinzip der abgestuften Zahlungen, bieten also eine angemessene Chance, ein wenig zu gewinnen, aber eine geringe Wahrscheinlichkeit, viel zu gewinnen. Jemand, der eine kleine Summe gewinnt, wird ermutigt, es erneut zu versuchen und kann am Ende viel Geld verlieren.

Wieder und wieder

Manchmal ist es nützlich, die Wahrscheinlichkeit, dass mehr als ein Ereignis eintritt, zu kennen.

Wir würden gerne wissen:

- die Wahrscheinlichkeit, dass A oder B zutrifft,
- die Wahrscheinlichkeit, dass beide zutreffen.

Um alternative Chancen (A oder B) auszuarbeiten, addieren wir die Wahrscheinlichkeiten. Um die Gesamtchancen (A und B) zu ermitteln, multiplizieren wir die Wahrscheinlichkeiten. Angenommen, Sie bewerben sich für zwei Jobs. Für den ersten Job gibt es fünf gleich gut qualifizierte Bewerber (mit Ihnen), dann steht Ihre Chance auf den Job bei 1 zu 5 oder 0,2. Für den zweiten Job gibt es nur vier qualifizierte Bewerber. Ihre Chance, den Job zu bekommen, steht also 1 zu 4 oder bei einer Wahrscheinlichkeit von 0,25.

Die Chance, dass Ihnen einer der beiden Jobs angeboten wird:

0,2 + 0,25 = 0,45 (45%)

Die Chance, dass Ihnen beide Jobs angeboten werden:

0,2 x 0,25 = 0,05 (5%)

Es ist also achtmal wahrscheinlicher, einen der beiden Jobs zu ergattern als beide.

Die Chance, dass Ihnen ein Job angeboten wird, aber nicht beide, ist die Differenz zu der Chance, einen oder beide angeboten zu bekommen, und der Chance, beide angeboten zu bekommen:

0,45 - 0,05 = 0,4 (40%)

Das wahrscheinlichste Ergebnis ist dann, dass Sie keinen oder höchstens einen der beiden Jobs bekommen werden.

Mehr als ein Weg

Die Prinzipien, die bei der Berechnung von Wahrscheinlichkeiten zum Tragen kommen, lassen sich am einfachsten an zwei Beispielen erkennen: dem Münzenwerfen und dem Würfeln. Eine Münze werfen ist zu einfach: Sie kann entweder Kopf oder Zahl anzeigen. Unter der Annahme, dass die Münze nicht gezinkt ist und es wahrscheinlich ist, dass sie in beide Richtungen fällt, ist die Chance, Kopf zu bekommen, ½ (0,5 oder 50%) und die Chance, Zahl zu bekommen, ebenfalls ½ (0,5 oder 50%).

Wenn wir die Münze zweimal werfen, könnten wir wieder Kopf oder Zahl bekommen. Die Möglichkeiten für zwei Münzwürfe sind:

Wurf 1	Kopf		Zahl	
Wurf 2	Kopf	Zahl	Kopf	Zahl

Es gibt jetzt vier mögliche Ergebnisse: Kopf, dann Kopf; Kopf, dann Zahl; Zahl, dann Kopf; Zahl, dann Zahl. Für viele Zwecke ist Kopf und Zahl das Gleiche wie Zahl und Kopf. Die Chance für zweimal Kopf ist ¼; die Chance für zweimal Zahl ist ¼; die Chance, einmal Kopf und einmal Zahl zu haben, ist ½. Die möglichen Ergebnisse vergrößern sich, wenn wir die Münze öfter werfen, und die Chance, immer gleich zu werfen – Kopf oder Zahl – verringert sich. Die Chancen, jedes Mal Kopf für eine Anzahl, *n*, von Würfen zu bekommen, ist $\frac{1}{2}^n$.

Anzahl der Würfe	Chancen, immer Kopf zu werfen
1	½
2	¼
3	⅛
4	1⁄16
5	1⁄32
6	1⁄64

Ihnen bei Entscheidungen helfen

Im 19. Jahrhundert ermutigte der Psychiater Sigmund Freud die Menschen, die unentschlossen waren, eine Münze zu werfen, um schwierige Lebensentscheidungen zu treffen. Er trat nicht dafür ein, wichtige Entscheidungen dem Zufall zu überlassen, sondern mithilfe der Münze Wünsche zu erkennen: „Ich möchte, dass Sie zur Kenntnis nehmen, was die Münze anzeigt. Dann beobachten Sie Ihre eigenen Reaktionen. Fragen Sie sich: Bin ich zufrieden? Bin ich enttäuscht? Das wird Ihnen helfen zu erkennen, wie Sie wirklich tief im Inneren fühlen. Dann sind Sie bereit, sich zu entscheiden und die richtige Entscheidung zu treffen."

Die Chance, jedes Mal Zahl zu bekommen, ist ebenfalls $\frac{1}{2}^n$. Die Wahrscheinlichkeit, entweder nur Kopf oder nur Zahl zu bekommen, steht bei $2 \times \frac{1}{2}^n$, was $\frac{1}{2}^{n-1}$ entspricht:

Anzahl der Würfe	Chancen, nur Kopf oder Zahl zu werfen
1	1
2	½
3	¼
4	⅛
5	1/16
6	1/32

1 von 6

Mit Würfeln ist das Problem komplexer, da es sechs mögliche Ergebnisse für jeden Wurf gibt. Es gilt die gleiche Rechnung, aber jetzt mit 6, also 6^n.

Die Chancen, jedes Mal die Fünf (oder eine andere Zahl) zu werfen, sind in der Tabelle auf der nächsten Seite aufgeführt. Wenn Sie zwei Würfel

Anzahl der Würfe	Chance, immer die 5 zu würfeln
1	1/6
2	1/36
3	1/216
4	1/1296
5	1/7776
6	1/46 656

werfen, sind die Chancen, einen Pasch zu werfen, 6^{n-1}. Sobald Sie mehr als einen Wurf haben, werden die Wahrscheinlichkeiten für verschiedene Gesamtsummen komplexer. Dies liegt daran, dass es bei einigen Zahlen mehr Möglichkeiten gibt, sie zu erhalten (siehe untenstehende Tabelle). Die Zahl, die Sie am ehesten erhalten, wenn Sie zwei Würfel werfen, ist die 7, da es sechs Möglichkeiten gibt, 7 zu bilden. Dies bedeutet, dass die Wahrscheinlichkeit, eine 7 zu würfeln, 6/36 oder 1/6 ist. Wenn Sie in einem Würfelspiel die Wahl haben, entscheiden Sie sich dafür, dass Sie eine 7 werfen müssen.

2	1 + 1					
3	1 + 2	2 + 1				
4	2 + 2	1 + 3	3 + 1			
5	1 + 4	2 + 3	3 + 2	4 + 1		
6	1 + 5	2 + 4	3 + 3	4 + 2	5 + 1	
7	1 + 6	2 + 5	3 + 4	4 + 3	5 + 2	6 + 1
8	2 + 6	3 + 5	4 + 4	5 + 3	6 + 2	
9	3 + 6	4 + 5	5 + 4	6 + 3		
10	4 + 6	5 + 5	6 + 4			
11	5 + 6	6 + 5				
12	6 + 6					

Kapitel 21

Wann ist Ihr Geburtstag?

Wenn 30 Personen in einem Raum sind, besteht eine gute Chance, dass mindestens zwei von ihnen am gleichen Tag Geburtstag haben.

Diese oft zitierte Statistik ist kaum zu glauben. Sie erscheint uns total kontraintuitiv.

Frequentistische Geburtstage

Es gibt zwei Möglichkeiten, mit Wahrscheinlichkeit zu arbeiten. Eine davon verwendet die Methoden, die wir in Kapitel 20 betrachtet haben. Dies wird als Frequentismus-Methode bezeichnet. Die andere ist die Bayessche Methode, die vom englischen Mathematiker Thomas Bayes (1702–1761) entwickelt wurde und komplizierter ist.

Es gibt 365 Tage im Jahr (Schaltjahre ausgenommen). Es besteht also eine Chance von $\frac{1}{365}$, dass Ihr Geburtstag an einem bestimmten Tag stattfindet. Wenn Sie sich mit nur einer anderen Person vergleichen, dann wäre die Wahrscheinlichkeit, dass deren Geburtstag zu Ihrem passt, $\frac{1}{365}$

= 0,0027

Aber vergessen Sie nicht, dass nicht nur Ihr Geburtstag interessant ist. Es gibt 30 Leute im Raum, die 30 x 29, oder 870, mögliche Geburtstagspaare bilden. Jetzt werden Sie verstehen, warum es ziemlich wahrscheinlich ist, dass es einen gemeinsamen Geburtstag gibt.

Das Problem umkehren

Anstatt über die Chancen gemeinsamer Geburtstage nachzudenken, sollten wir über die Chancen nachdenken, dass es in einem Raum mit 30 Menschen auch diejenigen gibt, die sich mit niemandem der Anwesenden ein gemeinsames Geburtsdatum teilen. Wenn es nur zwei Personen gibt, ist die Chance, dass ihre Geburtstage nicht die gleichen sind:

$$1 - \frac{1}{365} = \frac{364}{365} = 0{,}997$$

Wir sind keine Zahlen

Obwohl Geburtstage zufällig wirken, sind sie es nicht völlig. Geburtstage geschehen neun Monate nach der Empfängnis und die Empfängnisraten variieren während des Jahres. Im September finden mehr Geburten statt als in jedem anderen Monat. Die Geburtstagsfrequenzberechnung berücksichtigt dies nicht.

Sind es drei Personen, gibt es jetzt zwei verwendete Geburtstage, also nur 363 ungenutzte Tage. Die Chance, dass keiner ihrer Geburtstage übereinstimmt, ist jetzt

$$\frac{364}{365} \times \frac{363}{365} = 0{,}992$$

Fügen Sie eine weitere Person hinzu, steht die Wahrscheinlichkeit bei

$$\frac{364}{365} \times \frac{363}{365} \times \frac{362}{365} = 0{,}984$$

Machen Sie so weiter. Wenn Sie 30 Personen in einem Raum haben, ist die Wahrscheinlichkeit, dass es keine passenden Geburtstage gibt, 0,294 – fast 30 %. Das bedeutet, dass eine 70 %ige Chance besteht, dass mindestens zwei Personen einen gemeinsamen Geburtstag haben. Der Punkt, an dem die Wahrscheinlichkeit 50 % beträgt, wird bei einer Personenzahl von 23 erreicht. Wenn sich 57 Personen im Raum befinden, beträgt die Chance auf eine Übereinstimmung 99 %.

Eine weitere Umkehrung

Der Bayessche Ansatz für die Wahrscheinlichkeit ist etwas anders. Er kann von einer Wahrscheinlichkeit eine andere, verwandte Wahrscheinlichkeit ableiten. Der Satz von Bayes besagt, dass

$$\mathbf{P(A|B) = \frac{P(B|A) \times P(A)}{P(B)}}$$

P steht hier für die Wahrscheinlichkeit.

Es ist bekannt, dass Hitler Vegetarier war. Vielleicht besteht eine Verbindung zwischen Despotismus und Vegetarismus? Bayes' Satz würde uns helfen, dies zu untersuchen, wenn wir Informationen über die Verbreitung von Vegetarismus und Despotismus unter politischen Führern der Welt (der Vergangenheit und Gegenwart) gesammelt hätten. Angenommen, wir entdeckten, dass 60 % der Despoten Vegetarier waren (P = 0,6).

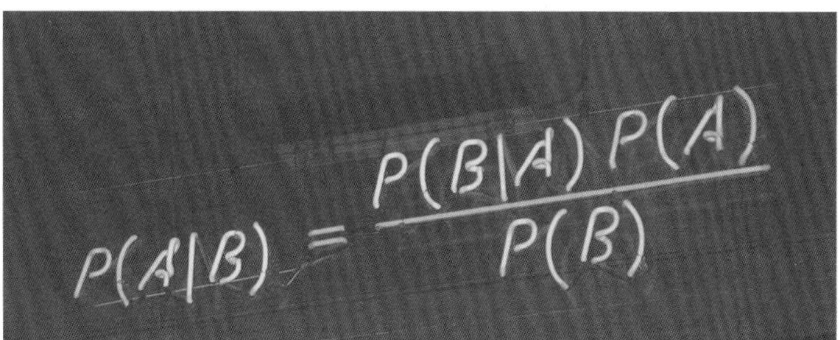

Dies würde darauf hindeuten, dass zwischen beidem eine starke Verbindung besteht. Um festzustellen, ob es tatsächlich eine Verbindung gibt, müssen wir herausfinden, welcher Anteil der Vegetarier Despoten sind. Nehmen wir an, wir haben herausgefunden, dass der Anteil der Vegetarier unter den führenden Politikern 20 % (P = 0,2) beträgt und dass 5 % der führenden Politiker Despoten sind (P = 0,05).

$$\mathbf{P\ (Despot \mid Vegetarier) = \frac{P\ (Vegetarier \mid Despot\ )\ x\ P\ (Despot)}{P\ (Vegetarier)}}$$

Mit eingesetzten Werten:

$$\mathbf{P\ (Despot \mid Vegetarier) = \frac{0{,}6\ x\ 0{,}05}{0{,}2} = 15\,\%}$$

Dies ist ein nützliches Ergebnis: Obwohl die Wahrscheinlichkeit, dass ein bestimmter Despot vegetarisch lebt, 60 % beträgt, liegt die Wahrscheinlichkeit, dass ein vegetarischer Anführer ein Despot ist, bei nur 15 %. Das ist immer noch ein wenig schlechter als die 5 % Wahrscheinlichkeit, dass sich ein Anführer als Despot herausstellt, sollte aber nicht dazu führen, dass Vegetariern verboten wird, führende Politiker zu werden. (Dieses Beispiel ist fiktiv und nicht dazu bestimmt, Vegetarier oder Politiker zu beleidigen. Ich bin Vegetarier, aber kein Politiker.)

Wann wird alles enden?

Eine Verwendung der Bayesschen Wahrscheinlichkeit (siehe Seite 151) besteht darin, das voraussichtliche Verfallsdatum der Menschheit zu berechnen. Bekannt als das Doomsday-Argument (Weltuntergangsargument) wurde es erstmals 1983 vom australischen Physiker Brandon Carter vorgebracht.

Er verwendete eine ziemlich niedrige Zahl von 60 Milliarden Menschen, die bisher (bis 1983) geboren wurden, um zu berechnen, dass es eine 95 %ige Wahrscheinlichkeit gibt, dass die Menschheit nicht länger als weitere 9120 Jahre (mittlerweile also weniger als 9100 Jahre) bestehen wird.

Bayesianische Panzer

Während des Zweiten Weltkriegs versuchten die Alliierten, die Produktion von deutschen Panzern durch eine Bayessche Analyse der Daten von eroberten oder zerstörten Panzern zu beurteilen. Sie wollten herausfinden, wie viele Formen bei der Herstellung der 64 Räder an zwei eroberten Panzern verwendet worden waren. Aus den bekannten Daten, wie viele Räder in einem Monat aus einer Form hergestellt werden konnten, berechneten sie dann die Gesamtzahl der Formen, die in einer Stichprobe von 64 Exemplaren übereinstimmende Räder ergeben würden. Daraus folgerten sie,

dass die Deutschen im Februar 1944 270 Panzer bauten – weit mehr als bisher geschätzt. Sie verwendeten auch Bayessche Methoden, um die wahrscheinliche Anzahl von Panzern anhand erfasster Seriennummern zu berechnen – mit erstaunlicher Genauigkeit. Der Vergleich der Ergebnisse einer statistischen Auswertung mit deutschen Aufzeichnungen (nach dem Krieg) ergab, dass die Statistik eine viel verlässlichere Methode war, um militärische Kapazitäten zu entwickeln, als es das Sammeln von Informationen je gewesen wäre.

Kapitel 22

Lohnt sich das Risiko?

„Nur diejenigen, die es riskieren, zu weit zu gehen, können herausfinden, wie weit sie gehen können." T. S. Eliot

Unsere Risikowahrnehmung ist sehr seltsam und steht nicht immer im vernünftigen Zusammenhang mit der Mathematik des Risikos. Sie wird von vielen psychologischen Faktoren beeinflusst, wie Vertrautheit oder Neuheit, unbekannte Faktoren (über das Risiko), das Ausmaß unserer gefühlten Kontrolle, die Seltenheit des Ergebnisses, die Unannehmlichkeiten, die mit der Vermeidung des Risikos verbunden sind, die Unmittelbarkeit der Gefahr und das Ausmaß des Schadens, der sich ergeben könnte.

Lebe gefährlich!

Logischerweise sollte man meinen, dass wir eine Aktivität meiden, wenn sie ein relativ hohes Risiko für Tod oder schwere Verletzungen birgt – doch viele Menschen fahren zu schnell, rauchen Zigaretten und essen zu viel. Auf der anderen Seite hatten die Menschen in den USA und in Europa während des Ebola-Ausbruchs 2014 bis 2015 große Angst, obwohl die Krankheit auf sechs Länder in Afrika begrenzt war, die die meisten von ihnen nie besuchen würden.

Ebola besaß alle Merkmale eines beängstigenden Risikos:

- **die Infektion hatte eine Todesrate von mehr als 50 %,**
- **die Krankheit ist grausam unangenehm,**
- **Ebola ist den meisten Menschen unbekannt,**
- **es gab ein hohes Maß an Berichterstattung in den Medien,**
- **die Menschen hatten keine Kontrolle, da die Krankheit willkürlich auftrat (auch wenn es unwahrscheinlich ist, dass sie jemanden in 5000 km Entfernung ansteckt).**

Es gab auch viele Unbekannten. Könnte sich Ebola über die Grenzen Afrikas hinaus ausbreiten? Könnte es zwischen Menschen übertragbar werden, bevor sich Symptome zeigen? Die Unannehmlichkeiten, die mit der Vermeidung des Risikos verbunden waren, waren bisher sehr gering: nicht nach Afrika reisen und nicht in die Nähe einer Ebola-Klinik oder von toten Körpern gehen. Die meisten Menschen konnten Angst vor Ebola haben, ohne sich in großer Gefahr zu befinden.

Auf der anderen Seite ist Autofahren eine bekannte Gefahr. Es ist vertraut und wir haben die Kontrolle, auch wenn dieses Gefühl etwas illusorisch ist (wir haben keine Kontrolle über andere Fahrer). Natürlich gibt es wenig Medienberichterstattung über Verkehrsunfälle, weil sie so zahlreich sind, was auf ein hohes Risiko hindeutet. Dennoch haben die meisten Menschen häufig keine Angst davor, mit dem Auto zu fahren – und damit aufzuhören, wäre äußerst unbequem.

Großes Drama, kleines Risiko

Das für den Menschen tödlichste Tier ist nicht, wie Sie vielleicht denken, ein Hai, ein Tiger, ein Flusspferd oder sonst etwas Großes. Es ist nicht einmal ein Hund. Es ist eine Mücke! Moskitos töten über eine halbe Million Menschen pro Jahr durch Malaria und andere Krankheiten. Dennoch würden die meisten Menschen denken, dass das Laufen entlang eines Flussufers in Brasilien sicherer ist als das Schwimmen in dem mit Haien gespickten Meer vor der australischen Küste. Die Chance zu ertrinken ist 3300-mal größer als die Chance, von einem Hai getötet zu werden. Sie sollten also glücklich sein, wenn Sie lange genug im Wasser überleben, um einen Hai zu sehen.

Tiere, die Sie eher töten als ein Hai

Im Durchschnitt werden weltweit jährlich weniger als sechs Menschen von Haien getötet. Sie haben eine viel größere Chance, von einem dieser Tiere getötet zu werden:

- **Schlange (70 000 Todesopfer pro Jahr)**
- **Hund (60 000 Todesopfer pro Jahr)**
- **Biene (50 000 Todesopfer pro Jahr)**
- **Flusspferd (2 900 Todesopfer pro Jahr)**
- **Ameise (900 Todesopfer pro Jahr)**
- **Qualle (100–500 Todesopfer pro Jahr)**

Zahlen eingeben

Zahlen, die Risiken zeigen, müssen wie die meisten Zahlen in einem Kontext stehen, um sinnvoll zu sein. Hier sind zwei Zahlen, die sich auf Verkehrstote in den USA beziehen:

- **1950 sind 33 186 Menschen bei einem Autounfall ums Leben gekommen.**
- **2013 sind 32 719 Menschen bei einem Autounfall ums Leben gekommen.**

Es sieht so aus, als hätte es seit 1950 kaum Fortschritte bei der Verkehrssicherheit gegeben, was eine bedrückende Erkenntnis ist. Aber das Hinzufügen weiterer Informationen hilft, diese Zahlen zu beleuchten. Wenn wir uns die damalige Bevölkerung der USA ansehen, können wir etwas klarer sehen, was passiert ist. Im Jahr 1950 betrug die Einwohnerzahl rund 152 Millionen. 2013 waren es 316 Millionen – mehr als das Doppelte. Dividieren wir nun die Todesfälle durch die Bevölkerung, sieht es so aus, als habe es eine deutliche Verbesserung gegeben.

Jahr	Todesopfer	Bevölkerung	Tote pro 100 000 Menschen
1950	33 186	152 000 000	21,8
2013	32 719	316 000 000	10,3

Betrachtet man nun aber die Anzahl der in motorisierten Fahrzeugen zurückgelegten Meilen in den beiden Jahren, sehen die Werte völlig anderes aus.

Jahr	1950	2013
Todesopfer	33 186	32 719
Bevölkerung	152 000 000	316 000 000
zurückgelegte Meilen	458	2946
Tote pro 100 000 Menschen	21,8	10,3
Tote pro 100 000 000 zurückgelegte Meilen	7,2	1,1

Es war also siebenmal gefährlicher, im Jahr 1950 zu fahren als 2013; das Risiko ist um 85 % gesunken.

Eins zu einer Million

Risikoanalysten nennen die Wahrscheinlichkeit von eins zu einer Million, zu sterben, einen „Mikromort". Wenn Sie darüber nachdenken, wie Sie in die Stadt kommen oder zur Arbeit, können Sie die Risiken der verschiedenen Transportmittel mithilfe von Mikromorts vergleichen, um

Transportmittel	km/Mikromort
Zug	9 656 km
Auto	370 km
Fahrrad	32 km
Laufen	27 km
Motorrad	10 km

festzustellen, nach wie vielen Kilometern Sie bei einem Unfall getötet werden könnten. Natürlich ist es am sichersten, den Zug zu nehmen, und das Fahren mit dem Motorrad ist am riskantesten.

Chronisches und akutes Risiko

Das Risiko, die Treppe hinunterzustürzen und sich den Hals zu brechen, ist ein akutes Risiko - es könnte jetzt passieren und Sie sofort töten. Wenn Sie die Treppe hinuntergehen, ohne dass es passiert, ist das Risiko (vorerst) nicht vorhanden und Sie haben keine negativen Auswirkungen zu spüren bekommen, außer vielleicht etwas Angst. Das Risiko, dass sich durch Rauchen Lungenkrebs entwickelt, ist ein chronisches Risiko. Es baut sich mit der Zeit auf und obwohl eine Zigarette, die Sie heute Nachmittag rauchen, Sie nicht töten wird, könnte sie - zusammen mit all den weiteren Zigaretten - zu einem frühen Tod beitragen. Dieses Risiko ist kumulativ: Jede Zigarette, die Sie rauchen, erhöht Ihr Lungenkrebsrisiko und einige andere Spätfolgen.

Wie viel ist ein Leben wert?

Regierungen treffen Entscheidungen über Ausgaben für Sicherheitsmaßnahmen, basierend auf der Berechnung von Leben, die eingespart werden können. Sie verwenden eine Zahl namens „Wert eines Menschenlebens" (Value of a Statistical Life = VSL), um den wirtschaftlichen Wert der verschiedenen lebenserhaltenden Maßnahmen zu ermitteln. In Deutschland ist ein Leben im Hinblick auf ein Arbeitsleben 1,72 Mio. Euro für einen Mann und 1,43 Mio. Euro für eine Frau wert. In den USA ist der Wert für einen weißen Arbeitnehmer mit 15 Mio. Dollar doppelt so hoch wie für einen schwarzen Arbeitnehmer.

Mikroleben und Mikrotode

Das Gegenteil von einem Mikrotod ist ein Mikroleben - ein Millionstel eines Lebens. Für einen jungen Erwachsenen ist das im Durchschnitt etwa eine halbe Stunde. Chronische Risiken kann man in Mikroleben einfach besser ausdrücken. Das Rauchen einer Zigarette kostet ungefähr ein Mikroleben. Natürlich sind es keine direkten und unbestreitbaren Kosten - es ist ein Risiko. Wenn wir die durchschnittliche Lebensdauer von Menschen, die eine bestimmte Anzahl von Zigaretten rauchen, mit der durchschnittlichen Lebensdauer von Nichtrauchern vergleichen, können wir die durchschnittlichen Kosten einer Zigarette in Mikroleben berechnen. Aber manche Leute rauchen 20 Zigaretten am Tag und werden 90 ... nichts ist sicher. Der entscheidende Unterschied zwischen der Verwendung von Mikrotoden zur Berechnung des akuten Risikos einer Aktivität und der Verwendung von Mikroleben zur Berechnung des chronischen Risikos besteht darin, dass die Kosten in Mikroleben kumulativ sind, während das Mikrotod-Risiko bei jedem Überleben auf null zurückgesetzt wird.

Alles ist ein Risiko

Eine andere Möglichkeit, das Risiko zu erwägen, besteht darin, es mit einem Basisrisiko zu vergleichen, das Sie eingehen, indem Sie einfach am Leben sind. Die Wahrscheinlichkeit, bei einem Drachenflug zu sterben, liegt bei 1 zu 116 000 für jeden Flug. Ein 30-jähriger Mann hat ein Risiko von 1 zu 240 000, an einem bestimmten Tag zu sterben, also erhöht er sein Risiko durch das Drachenfliegen um das Dreifache (da er das neue Risiko zu seinem bestehenden Risiko hinzufügt - es ersetzt es nicht).

Eine andere Möglichkeit, das Risiko darzustellen, besteht darin, zu zeigen, wie lange Sie eine Aktivität kontinuierlich ausführen müssen, um zu Schaden zu kommen, oder das Risiko jeder einzelnen Aktivität zu berechnen. Wenn das Risiko, bei jedem Drachenflug zu sterben, bei 1 zu 116 000 liegt, bedeutet das, wenn Sie 116 000-mal Drachenfliegen gehen, werden Sie wahrscheinlich zu einem bestimmten Zeitpunkt sterben (jedoch könnte das schon bei Ihrem dritten Flug oder dem 169. sein und nicht bei Ihrem 116 000.).

Während dies im Durchschnitt der Fall ist, trifft es nicht unbedingt auf eine bestimmte Person zu. Es könnte andere Faktoren geben. Frühe Gleitflüge könnten gefährlicher sein, weil der Pilot unerfahren ist, und spätere Flüge, weil der Pilot überheblich geworden ist. Ein Drachenflieger könnte mehr oder weniger qualifiziert sein als ein anderer und daher mehr oder weniger gefährdet sein.

Postleitzahl-Lotterie

Versicherungsunternehmen versuchen, das Risiko von Straftaten und Unfällen genauer einzuschätzen, als sie es mittels durchschnittlicher Zahlen für die gesamte Bevölkerung könnten. Sie verwenden komplexe Berechnungen, um herauszufinden, wer mehr oder weniger gefährdet ist als jemand anderes. Deshalb beeinflusst Ihre Postleitzahl, wie viel Sie für Hausversicherung, Autoversicherung und so weiter bezahlen müssen. Wenn es in Ihrer Gegend viele Einbrüche gibt, werden sie feststellen, dass Ihr Haus einem hohen Risiko ausgesetzt ist und Ihnen mehr in Rechnung stellen.

Erhöhtes und verringertes Risiko

Eine gängige Methode, Risiken aufzuzeigen, besteht darin, sie anhand von Faktoren oder Prozentzahlen zu vergleichen. Das kann sehr überzeugend sein, aber wenn wir keine absoluten Zahlen sehen können, ist es leicht, in die Irre geführt zu werden. Eine Aussage wie: „Eine Gesundheitspille halbiert Ihr Risiko, Krebs am Zehennagel zu bekommen“, lässt das Medikament vorteilhaft klingen.

Aber wenn das Risiko, Krebs des Zehennagels zu bekommen, bei nur 1 zu 20 Millionen steht und es halbiert nur noch 1 zu 40 Millionen beträgt, dann lohnt sich die Ausgabe nicht. Es ist wahrscheinlicher, dass Sie auf dem Weg in die Apotheke einen Unfall haben, als dass Sie Zehennagelkrebs bekommen.

Missverstandenes Risiko

Manche Risiken können nicht mit der Genauigkeit gemessen werden, die wir gerne hätten. Wenn wir versuchen würden, Ihr persönliches Risiko, bei einem Verkehrsunfall getötet zu werden, im Hinblick auf Ihre bisherige Erfahrung zu berechnen, wäre die Antwort null, da Sie trotz jahrelanger Straßenbenutzung noch nie bei einem Verkehrsunfall ums Leben gekommen sind.

Es gibt zwei Arten, Risiken misszuverstehen, die sich in Aussagen wie diesen zusammenfassen lassen: „Ich mache das seit Jahren und es ist nie falsch gelaufen, also bin ich mir sicher, dass es gut gehen wird."
„Bis jetzt hast du Glück gehabt – reize dein Glück nicht aus."

In gewissem Sinne ist die erste Aussage eine Art Bayessche Bewertung. Wenn wir kein statistisches Risiko kennen, nehmen wir eine Bewertung anhand einer vorherigen Stichprobe vor.

Das ist jedoch keine gute Idee, besonders wenn es um das Todesrisiko geht. Natürlich ging es Ihnen bei vergangenen Ereignissen gut, weil Sie nicht gestorben sind. Sie könnten damit jedes waghalsige Verhalten rechtfertigen, weil Sie nie bei irgendeiner vorherigen Gelegenheit gestorben sind, als Sie etwas Riskantes getan haben. Sie werden dieses Mal nicht sterben, weil Sie das letzte Mal nicht gestorben sind. Aber diesmal können Sie sehr wohl sterben, gerade weil Sie das letzte Mal nicht gestorben sind.

Die zweite Aussage ist auch in jeglicher Hinsicht falsch. Hier handelt es sich um das Gegenteil eines Glücksspielers, der immer wieder auf dieselbe Zahl setzt, in der Hoffnung, dass sie früher oder später kommen wird. Tut sie aber nicht. Jedes Mal ist die Wahrscheinlichkeit, dass diese Zahl auftaucht, die gleiche, unabhängig davon, ob sie jemals zuvor aufgetreten ist. Wenn Sie einen Würfel werfen, gibt es eine Chance von 1 : 6, eine Sechs zu bekommen. Wenn Sie würfeln und eine Sechs bekommen, gibt es noch eine Chance von 1 : 6, das nächste Mal eine Sechs zu würfeln. Bei unabhängigen Risiken bedeutet die Tatsache, dass jemand jahrelang „davongekommen" ist, nicht, dass es so weitergehen wird.

Kapitel 23

Wie viel versteht ein Hase von Mathematik?

Eigentlich müsste es viel zu viele Hasen auf der Welt geben.

Der mittelalterliche Mathematiker Fibonacci entdeckte, dass es eine Abfolge von Zahlen gibt, die hinter vielen Natur-Phänomenen, einschließlich der Fortpflanzung von Hasen, steht.

Hasen duplizieren

Fibonacci ging ein mathematisches Problem an, das den indischen Mathematikern seit Jahrhunderten bekannt, aber für Europa damals neu war. Das Problem sieht folgendermaßen aus: Wenn Sie zwei Hasen in einem Feld haben, wie wird die Population unter idealen Bedingungen wachsen? Die idealen Bedingungen umfassen Folgendes:

- **Die ersten beiden Hasen sind von unterschiedlichem Geschlecht, im gebärfreudigen Alter, voneinander angezogen, gesund und fruchtbar.**
- **Jeder weibliche Hase produziert, sobald er erwachsen ist, jeden Monat ein Hasenpärchen, einen männlichen und einen weiblichen Hasen.**
- **Nach der Empfängnis dauert es einen Monat, bis die Hasen geboren werden, und einen weiteren Monat, bis sie ausgewachsen sind.**
- **Keiner der Hasen wird jemals sterben.**

Der letzte Punkt treibt die idealen Bedingungen auf die Spitze, ganz zu schweigen von der Definition von „ideal"… aber egal, das ist alles 800 Jahre her und es ist zu spät, um zu streiten.

So setzen wir die ersten beiden Hasen in einem Feld aus, in dem sie sich „wie die Hasen" fortpflanzen. Nach einem Monat gibt es immer noch nur das erste Brutpaar, aber sie haben gerade ihre ersten Babys bekommen, also wird es bald losgehen. Am Ende des nächsten Monats gibt es zwei Paare: das erste und ihre jetzt erwachsenen Babys. Das erste Paar hat noch ein weiteres Paar Babys und das zweite Paar beginnt mit seiner Zuchtkarriere. Im nächsten Monat gibt es drei Paare: die Ursprungshasen, den ersten und den zweiten Wurf von Babys. Im nächsten Monat haben das ursprüngliche Paar und ihr erster Wurf jeweils ein Paar Babys (noch nicht geschlechtsreif) und das zweite Paar ist bereit, mit der Zucht zu beginnen. Die Menge der Hasen wächst so:

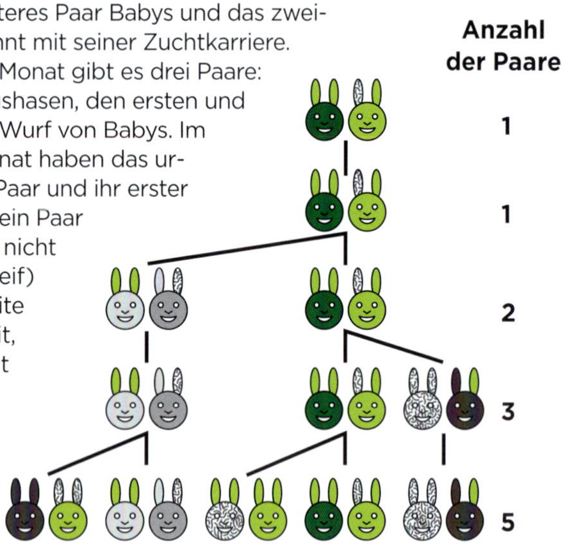

und so weiter. Die Anzahl der Paare pro Monat folgt diesem Muster:

1, 1, 2, 3, 5, 8, 13, 21, 34, ...

Diese Zahlen sehen auf den ersten Blick nicht sehr interessant aus, aber sie tauchen immer wieder auf. Ihr Muster ist nicht sofort erkennbar, doch es gibt eins. Fügen Sie die letzten zwei Zahlen in der Reihe zusammen, um die nächste zu erhalten:

1 + 1 = 2
1 + 2 = 3
2 + 3 = 5
3 + 5 = 8
5 + 8 = 13
8 + 13 = 21

und so weiter. Diese Reihenfolge wird als Fibonacci-Folge bezeichnet.

Wenn wir uns auf die n-te Fibonacci-Zahl $F(n)$ beziehen, ist ein allgemeiner Ausdruck für das Finden einer Fibonacci-Zahl:

$$F(n) = F(n-1) + F(n-2)$$

Sie können sehen, wie das mit einem Beispiel aus der Sequenz funktioniert, der achten Zahl:

$$F(8) = F(7) + F(6)$$
$$21 = 13 + 8$$

Die Abstände zwischen den Zahlen werden immer größer:

$$F(38) = 39\,088\,169$$
$$F(39) = 63\,245\,986$$

Also ist

$$F(40) = 39\,088\,169 + 63\,245\,986 = 102\,334\,155$$

Die Zahlen steigen sehr schnell an; F(20 000 000) hat mehr als 4 Millionen Ziffern. Wenn wir annehmen, dass Fibonacci (rechts) seine ersten zwei Hasen vor 800 Jahren auf das Feld gesetzt hat (und übersehen, dass einige Hasen jetzt 800 Jahre alt sind), hätten die Hasen, 800 x 12 = 9600 Monate gehabt, in denen sie sich vermehren konnten.

F(9600) hat mehr als 2000 Ziffern und ist also größer als 10^{2000}. Das bedeutet, dass es jetzt mehr als 10^{20} Googol-Paare von Hasen oder viel mehr Hasen als Atome im Universum geben würde. Das ist ein guter Grund, Ihr Haustier-Hasen kastrieren zu lassen.

Der Stammbaum der Bienen

Das Beispiel mit den Hasen war ein bisschen hypothetisch, aber einige andere Arten zeigen eine genauere Darstellung der Fibonacci-Folge. Wenn wir uns die Genetik von Honigbienen ansehen, zeigt die Fibonacci-Folge die Anzahl der Vorfahren an, die jede Biene hat.

Eine männliche Honigbiene hat nur ein Elternteil, ein Weibchen, da sie aus einem unbefruchteten Ei schlüpft. Jedes Weibchen hat zwei Elternteile, ein Männchen und ein Weibchen. Wenn Sie also mit einem Männchen beginnen und einen Familienstammbaum zeichnen, sieht dieser folgendermaßen aus.

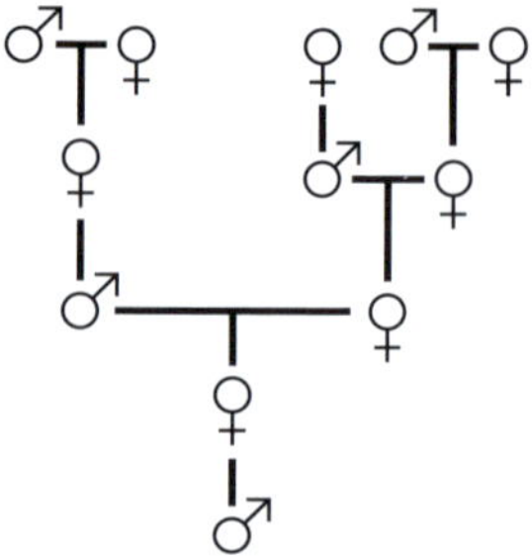

Zählt man die Vorfahren hinzu, erhält man diese Werte:

	Eltern	Groß-eltern	Urgroß-eltern	Ururgroß-eltern	Ururur-großeltern
Männliche Biene	1	2	3	5	8
Weibliche Biene	2	3	5	8	13

Obwohl das Weibchen einen Vorsprung hat, ist es nur ein bisschen weiter in der Fibonacci-Folge – die Zahlen sind letztlich die gleichen.

Weit verzweigen

Viele Pflanzen entwickeln Blätter oder Zweige in einem Muster, das sich an der Fibonacci-Folge orientiert. Es ist leicht einzusehen, warum Zweige in dieses Muster fallen, da jeder Sprössling einen Nebensprössling erzeugt und ab einem bestimmten Punkt der Nebensprössling wiederum seinen eigenen Nebensprössling hervorbringt usw. (siehe unten).

Die Blütenblätter von Blumen orientieren sich auch an der Fibonacci-Folge, sowie die Abschnitte im Inneren der meisten Früchte (drei in einer Banane und fünf in einem Apfel). Die Sequenz erscheint sogar in unseren eigenen Körpern, wie zum Beispiel das Verhältnis zwischen den Längen der Fingerknochen.

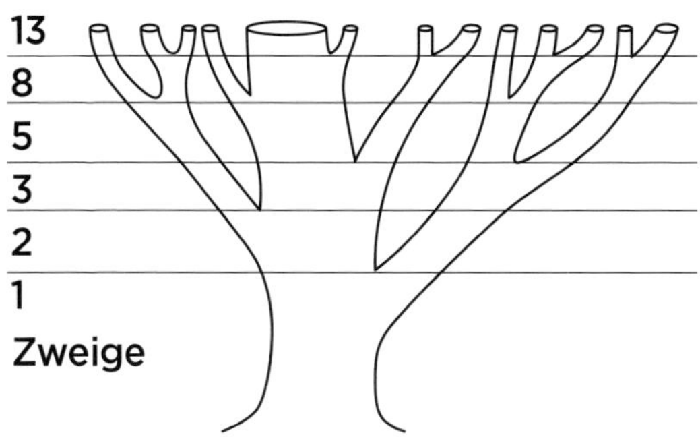

Kapitel 24

Gibt es eine perfekte Form?

Ein kurzer Blick in die Natur zeigt viele seltsame Formen – und ein paar ziemlich elegante.

Sowohl die Fibonacci-Folge als auch die Fraktale erzeugen Muster, die weniger organisiert aussehen, als sie tatsächlich sind. Versteckte mathematische Muster tauchen auch in anderen Formen auf.

Rechtecke und Spiralen

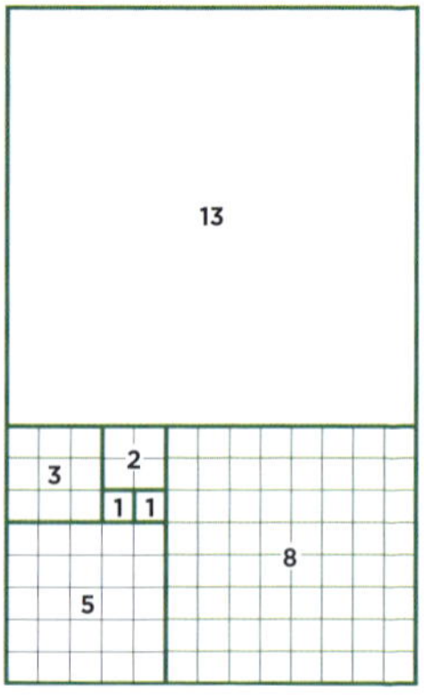

Machen Sie diese Übung, um zu sehen, wie Zahlen in ein Muster fallen. Beginnen Sie mit einem Quadrat von einer Einheit (sagen wir cm, aber es könnte auch eine andere sein). Zeichnen Sie ein identisches Quadrat daneben. Jetzt benutzen Sie die zwei angrenzenden Seiten, um die Seite eines neuen Quadrats zu bilden (ein Quadrat mit 2 cm langen Seiten). Die jetzt angrenzenden Seiten sind 3 cm lang; bilden Sie mit

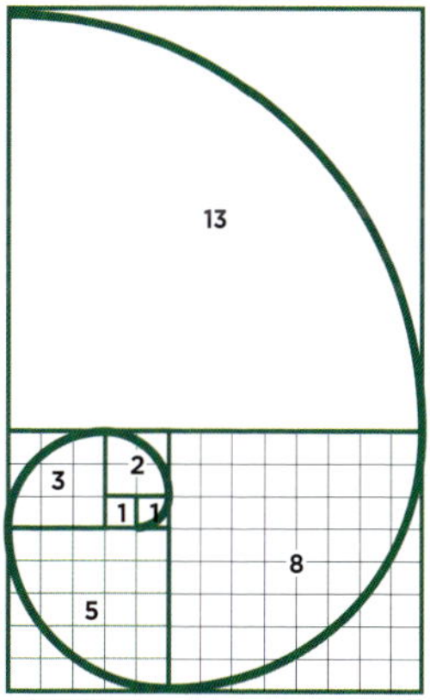

dieser Seite ein weiteres Quadrat. Machen Sie so weiter, bis Ihnen das Papier oder der Enthusiasmus ausgeht. Was bemerken Sie an den Seitenlängen der Quadrate?

1, 1, 2, 3, 5, 8, 13, ...

Es handelt sich wieder um die Fibonacci-Folge.

Erstellen Sie nun eine Spirale, indem Sie eine gekrümmte Linie zeichnen, die nacheinander durch die Quadrate verläuft. Dies wird als Goldene Spirale bezeichnet. Viele Pflanzen bilden ihre Blätter in einer goldenen Spirale und kommen in verschiedenen Winkeln aus dem Stamm heraus. Die Anordnung der Blätter auf einer Pflanze wird Phyllotaxie genannt und ist für Botaniker von großem Interesse. Im Allgemeinen zählt die Anzahl der Male, die Sie um den Stamm herumgehen müssen, bevor Sie ein Blatt vertikal über demjenigen finden, mit dem Sie angefangen haben, als eine Fibonacci-Folge sowohl der Umdrehungen um den Stamm als auch der dazwischenliegenden Blätter.

Dieses Muster maximiert das Sonnenlicht, das auf ein bestimmtes Blatt fällt, weshalb es so weit verbreitet ist. Der Winkel zwischen den Blättern beträgt normalerweise nahezu 137,5 Grad.

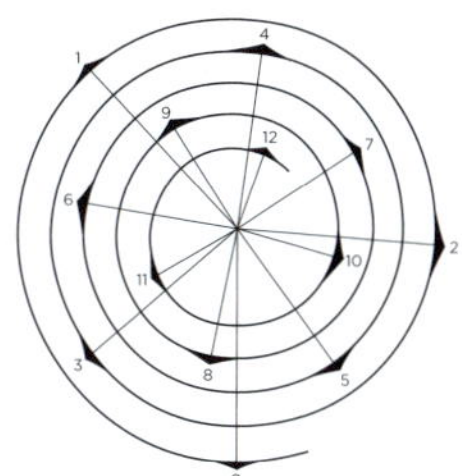

Spiralförmige Spiralen

Oft sind mehrere goldene Spiralen miteinander verwoben. Die Samen in vielen Blütenköpfen sind in Mustern von

verschachtelten goldenen Spiralen angeordnet, und die Schuppen auf einem Tannenzapfen stellen zwei ineinandergreifende goldene Spiralen dar. Eine Sonnenblume besitzt Fibonacci-Folgen von Spiralen, die in jede Richtung gehen (im Uhrzeigersinn und gegen den Uhrzeigersinn), ihre gesamte Anzahl an Samen orientiert sich ebenfalls an der Fibonacci-Folge. Dies ist die beste Anordnung, damit die Sonnenblume die Anzahl der Samen, die auf einen runden Samenkopf passen, optimieren kann.

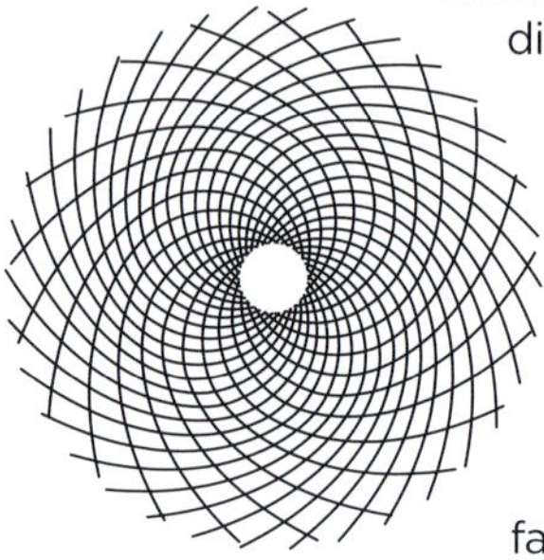

Vielleicht ist die cleverste Pflanze von allen die Ananas. Die Frucht ist mit sechseckigen Schuppen bedeckt, von denen jede Teil von drei verschiedenen Spiralen ist. Es gibt 8 sanft abfallende Reihen von Schuppen, 13 steilere Reihen und 21 fast vertikale Reihen.

Die Blätter der Ananas wachsen in einer anderen Fibonacci-Folge mit fünf Spiralen von Blättern um den Stamm herum, bevor vertikal ausgerichtete Blätter auftreten. Zwischen jedem vertikal ausgerichteten Paar befinden sich 13 Blätter. Dies bedeutet, dass die Ananas zwei Sätze von goldenen Spiralen hat, die von verschiedenen Hormonen kontrolliert werden und zu der richtigen Spirale wechseln, wenn es Zeit ist, eine Frucht zu bilden.

Goldene Rechtecke

Rechtecke sind vielfältig: Es gibt kurze, dicke, lange, dünne und dann einige wirklich elegante Rechtecke, die als goldene Rechtecke bezeichnet werden. Ein goldenes Rechteck hat Seiten im Verhältnis von etwa 1 : 1,61803. Die Zahl 1,61803 ... ist irrational (die Dezimalzahlen setzen sich immer weiter fort) und wird durch den griechischen Buchstaben Phi, Φ, dargestellt.
Dies ist keine zufällige irrationale Zahl. Sie wurde erstmals von Euklid um 300 v. Chr. definiert. Stellen Sie sich eine Linie vor, die in zwei Teile geschnitten ist. Ein Teil ist länger als der andere, aber er ist auf ganz bestimmte Art „länger als der andere". Die beiden Linien stehen in einem besonderen Verhältnis zueinander, dem sogenannten goldenen Schnitt. Die Linie ist so geschnitten, dass das Verhältnis

kurzer Teil : langem Teil

das gleiche ist wie

langer Teil : gesamter Linie

Mathematisch gesprochen: Stellen Sie sich vor, dass die Linie in die Abschnitte a und b aufgeteilt wird. Die gesamte Länge der Zeile ist offensichtlich a + b. Damit die Zeilen im goldenen Schnitt stehen, muss a : b mit a : a + b identisch sein

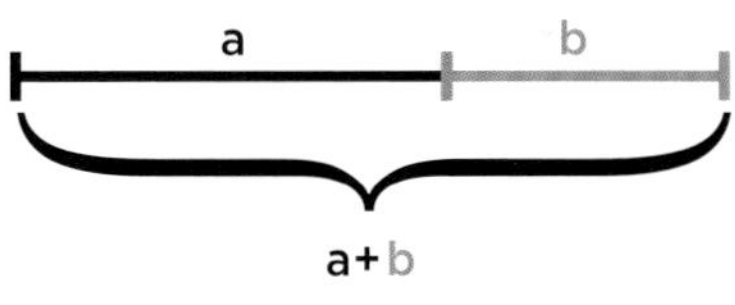

a+b verhält sich zu **a** wie **a** zu b

und

$$\frac{a+b}{a} = \frac{a}{b} = \Phi$$

Durch ein paar recht unkomplizierte Berechnungen (siehe Kasten unten) entsteht ein Verhältnis von

$$1 : \frac{1+\sqrt{5}}{2}$$

„Eine Strecke ist nach äußerem und mittlerem Verhältnis geteilt, wenn sich die ganze Strecke zum größeren Abschnitt wie der größere Abschnitt zum kleineren verhält.“

Euklid, Elemente

Phi berechnen

Wir beginnen mit $\frac{a+b}{a}$

Wir wissen, dass es dasselbe wie a/b ist und dasselbe wie Φ. Wenn a/b = Φ, dann ist b/a = 1/Φ. Wir können dies aber auch einfacher ausdrücken:

$$\frac{a+b}{a} = 1 + \frac{b}{a} = 1 + \frac{1}{\Phi}$$

Daraus folgt: $1 + \frac{1}{\Phi} = \Phi$

Multipliziert mit Φ ergibt das: $\Phi + 1 = \Phi^2$

was neu angeordnet werden kann zu: $\Phi^2 - \Phi - 1 = 0$

Das ist eine quadratische Gleichung, also können wir die quadratische Formel nutzen, um sie nach Φ aufzulösen:

$$x = \frac{-b \pm \sqrt{b^2 - 4ac}}{2a} \qquad \underset{a}{x^2} + \underset{b}{2x} + \underset{c}{1} = 0$$

(a = 1, b = -1, c = -1)
Da es sich um ein Verhältnis zwischen positiven Zahlen handelt, wissen wir, dass Φ eine positive Zahl sein muss, also ist das Ergebnis:

$$\Phi = \frac{1+\sqrt{5}}{2} = 1{,}6180339887\ldots$$

Verkleinern, aber nicht ändern

Der goldene Schnitt und die goldenen Rechtecke, die Euklid definiert, sind etwas ganz Besonderes: Nehmen Sie ein goldenes Rechteck und schneiden aus ihm ein Quadrat heraus (Seiten a, a), erhalten Sie ein weiteres goldenes Rechteck (b, a). Die Seiten des verbleibenden Rechtecks stehen ebenfalls im Verhältnis 1 : Φ. Sie können dies fortführen und immer kleinere goldene Rechtecke machen. Das goldene Rechteck wird als das mit den angenehmsten Proportionen angesehen. Es kommt häufig in der Natur vor und es wurde in künstlerischen und architektonischen Konstruktionen seit Tausenden von Jahren verwendet.

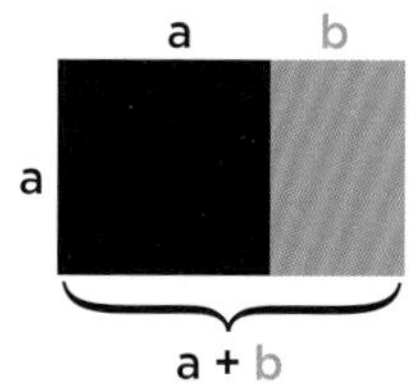

Gold und noch mehr Gold

Da wir eine goldene Spirale und einen goldenen Schnitt bzw. ein goldenes Rechteck haben, wäre es vernünftig zu fragen, ob es eine Verbindung zwischen ihnen gibt - und natürlich gibt es sie. Wenn wir irgendeine Fibonacci-Zahl durch die in der Folge davorstehende Zahl teilen, tendiert das Ergebnis zu Phi. Dies ist am Anfang nicht sehr offensichtlich:

$\frac{1}{2} \div \frac{1}{3}$ **= 1,5**
$\frac{1}{3} \div \frac{1}{5}$ **= 1,667**

Aber mit immer größeren Fibonacci-Zahlen geht das Ergebnis gegen Φ:

102 334 155 ÷ 63 245 986 = 1,61803

Wenn Sie eine Fibonacci-Zahl durch die nächste in der Reihe teilen, tendiert das Ergebnis zu Φ – 1:

63 245 986 ÷ 102 334 155 = 0,61803

Diese Zahl - nur der Dezimalteil von Φ - wird manchmal durch ein klein geschriebenes Phi, φ, dargestellt. Daraus schließen wir, dass die Welt einige favorisierte Formen hat.

Kapitel 25

Sind die Zahlen außer Kontrolle geraten?

Zahlen können überraschend schnell wachsen.

Es gibt eine Legende, dass der Herrscher Indiens mit dem Mann, der das Schachspiel erfunden hatte, so zufrieden war, dass er ihm eine Belohnung seiner Wahl anbot. Obwohl er um jede Menge Reichtum hätte bitten können, äußerte der Mann einen sehr bescheidenen Wunsch. Er bat den Herrscher, ein Reiskorn auf das erste Feld eines Schachbretts zu legen, zwei auf das zweite Feld, vier auf das dritte Feld und so weiter und verdoppelte die Menge immer weiter. Der Herrscher gewährte ihm seinen Wunsch bereitwillig, verwirrt, dass der Mann so wenig wollte. Zumindest, bis er versuchte, die Belohnung in die Tat umzusetzen.

Der Haufen Reiskörner ergoss sich bald über die zugewiesenen Plätze hinaus. Er überflutete bald das Brett und dann den ganzen Palast und schließlich ganz Indien. Als der Herrscher das letzte Feld der Tafel erreichte, brauchte er 2^{63} Reiskörner. Das sind 2 x 2 x 2 x 2 x ... bis zu 63-mal, das sind ungefähr 9 200 000 000 000 000 000 Reiskörner. Wie viel Platz benötigt wird, hängt von der verwendeten Reis-Art ab. Wäre es Langkorn-Reis mit Körnern von 7 mm Länge, würde eine Linie aus

Reis fast sieben Lichtjahre lang sein. Das ist fast so weit wie der Weg zu Alpha Centauri und zurück oder 215 000-mal zur Sonne und zurück.

Exponentielles Wachstum

Jedes Wachstumsmuster, das proportional statt um eine festgelegte Menge zunimmt, beschleunigt sich schnell. Gabor Zovanyi, Professor für Stadtplanung an der Eastern Washington University, behauptet, wenn die Menschheit vor 10 000 Jahren mit einem Paar begonnen hätte und die Bevölkerung um 1% pro Jahr gestiegen wäre (ein bisschen schwierig am Anfang, aber egal), dann wären wir jetzt Teil „eines festen Balls aus Fleisch, mit vielen tausend Lichtjahren im Durchmesser, der sich, unter Vernachlässigung der Relativität, mit einer radialen Geschwindigkeit ausdehnt, die viel schneller ist als die Lichtgeschwindigkeit".

Eine sich selbst erfüllende Prophezeiung

Das Mooresche Gesetz, benannt nach dem amerikanischen Physiker Gordon Moore, besagt, dass sich die Anzahl der Transistoren in einem integrierten Schaltkreis alle zwei Jahre verdoppelt. Dies wird oft dahin vereinfacht, dass sich die Rechenleistung von Computern alle zwei Jahre verdoppelt. Das 1965 aufgestellte Gesetz wurde bereits 50 Jahre später bestätigt. Es war eine Herausforderung für die Industrie, aber ein Ziel zu haben, hat dazu beigetragen, dass das Gesetz bestätigt wurde. Moore hatte nicht erwartet, dass sein Gesetz länger als zehn Jahre Bestand haben würde.

Das ist nicht gerade verlockend. Fibonaccis Folge von immer größer werdenden Hasen ist ein weiteres Beispiel für ein exponentielles Wachstum und würde das Stadium des „festen Fleischballs" viel schneller erreichen.

Sind wir alle verwandt?

Wir können mit den Bevölkerungsstudien auch zurückgehen. Jede Person hat zwei Eltern, vier Großeltern, acht Urgroßeltern und so weiter. Da die Anzahl der Vorfahren um die Potenz 2 zunimmt, dauert es nicht lange, bis Sie mehr Vorfahren haben, als es Menschen auf dem Planeten zu der Zeit gab, als diese Vorfahren lebten.

Wenn wir 20 Jahre für eine Generation einplanen – was vielleicht ein bisschen kurz ist, aber in der Vergangenheit durchaus realistisch –, dann müssten Sie nur bis 1375 zurückgehen, um über 4 Milliarden Vorfahren zu haben. Jedoch gab es 1375 nur etwa 380 Millionen Menschen auf der Erde. Um 1450 waren es so viele, dass jeder einmal hätte Ihr Ahne sein können – obwohl das natürlich nicht der Fall gewesen wäre. Bis 1375 müsste jeder mehr als einmal einer Ihrer Vorfahren gewesen sein. Und sie wären alle mehr als einer meiner Vorfahren gewesen ...

Ist das da unten Ihr Vorfahre?

Wenn der Stammbaum von Vorfahren Überschneidungen aufweist, entsteht ein zunehmend komplexes Beziehungsgeflecht. Dies wird als „Ahnenschwund" bezeichnet und geschieht, wenn

beispielsweise Cousins und Cousinen heiraten und ihre Nachkommen somit dann weniger als acht Urgroßeltern haben. Der Ahnenschwund ist in kleinen Gemeinschaften und Elitegruppen wie Königshäusern üblich. Der Yale-Statistiker Joseph Chang hat berechnet, dass nach einem bestimmten Punkt jeder, der zu diesem Zeitpunkt lebte und Nachkommen hatte, ein gemeinsamer Vorfahre aller

Menschen ist, die heute in derselben Gemeinschaft leben. Dieser Punkt liegt für Europa um 600 n. Chr., was bedeutet, dass alle nicht eingewanderten Europäer von Kaiser Karl dem Großen (und von vielen anderen Menschen) abstammen. Die statistischen Befunde wurden inzwischen durch umfangreiche DNA-Analysen von Europäern bestätigt. Noch vor 3400 Jahren war theoretisch jeder, der Nachkommen hatte, ein gemeinsamer Vorfahre jeder lebenden Person auf der Erde. Sie sind also verwandt mit Königin Nofretete aus dem alten Ägypten.

Wie viele?

Schätzungen, wie viele Menschen jemals auf der Erde gelebt haben, reichen von etwa 100 bis 115 Milliarden. Die oft zitierte Tatsache, dass mehr als die Hälfte der Menschen, die jemals gelebt haben, jetzt leben, ist nicht wirklich wahr. Tatsächlich leben heute 6 bis 7 % der Menschen, die jemals gelebt haben, auf der Erde.

Möchten Sie einen Kredit?

Zahlen müssen nicht verdoppelt werden, um sehr schnell groß zu werden. Proportionale Zunahmen sind den meisten von uns durch die Zinssätze bekannt. Sie arbeiten zu Ihren Gunsten, wenn Sie sparen, aber gegen Sie, wenn Sie sich Geld leihen.

Banken und Finanzinstitute verwenden ein Zinseszins-System. Das bedeutet, dass die Zinsen für eine Schuld oder ein Guthaben am Ende eines Zeitraums (Tag, Monat, Jahr) der ursprünglichen Summe hinzuaddiert werden, und dann wird der Zinssatz auf die gesamte Menge angewendet. Angenommen, Sie haben 1.000 € zu einem jährlichen Zinssatz von 3 % hinterlegt. Wie schnell würde der Betrag wachsen?

	Startguthaben	Zinsen	Endbetrag
Jahr 1	1.000,00 €	30,00 €	1.030,00 €
Jahr 2	1.030,00 €	30,90 €	1.060,90 €
Jahr 3	1.060,90 €	31,83 €	1.092,73 €
Jahr 4	1.092,73 €	32,78 €	1.125,51 €
Jahr 5	1.125,51 €	33,77 €	1.159,28 €
Jahr 6	1.159,28 €	34,78 €	1.194,06 €
Jahr 7	1.194,06 €	35,82 €	1.229,88 €
Jahr 8	1.229,88 €	36,90 €	1.266,78 €
Jahr 9	1.266,78 €	38,00 €	1.304,78 €
Jahr 10	1.304,78 €	39,14 €	1.343,92 €
...			
Jahr 25			2.093,78 €

Der Grund dafür, dass die Zinsrate für Sparer (und Kreditnehmer) so wichtig ist, liegt darin, dass die Veränderung der Rate die Zahlen stark verändert:

Kapital	Zinsrate	10 Jahre	25 Jahre
1.000 €	1%	1.104,62 €	1.282,43 €
1.000 €	3%	1.343,92 €	2.093,78 €
1.000 €	5%	1.628,89 €	3.386,35 €
1.000 €	8%	2.158,92 €	6.848,48 €
1.000 €	10%	2.593,74 €	10.834,71 €

Ein Jahr am Anfang bringt nicht den gleichen Wertzuwachs wie eines am Ende. Bei 10% verdienen Sparer in den ersten zehn Jahren 1.593,74 €, aber in den nächsten 15 Jahren verdienen sie nicht 1,5-mal so viel – sie verdienen 8.240,97 € oder etwa fünfmal so viel. Aus diesem Grund ermutigen uns Politiker und Wirtschaftsprüfer dazu, uns frühzeitig um unsere Rentenvorsorge zu kümmern.

Zahlen Sie für Ihr Alter

Wenn Sie mit 20 Jahren 1.000 € in einen Rententopf einzahlen und dann 45 Jahre später in den Ruhestand gehen, ohne jemals wieder eingezahlt zu haben, und 3 % Zinsen in diesem Zeitraum bekommen haben, hätten Sie 3.781,60 €, wenn Sie in Rente gehen. Wenn Sie jedoch 45 Jahre lang 1.000 € pro Jahr gezahlt und immer noch einen Zinssatz von 3 % hätten, würden Sie 95.501,46 € bekommen.

Wenn Sie es schaffen, 10 % zu bekommen, würden Sie im Ruhestand 790.795,32 € erhalten, was die ganze Sache respektabel macht – besonders bei einer Investition von 45.000 €.

Tag für Tag

Das ist in Ordnung, wenn Sie zu viel Geld haben sollten – aber was, wenn Sie am anderen Ende des Wirtschaftsspektrums stehen? Wenn Sie zu einem Pfandleiher oder einem Kredithai gehen müssen, zahlen Sie am Ende einen astronomisch großen Betrag an Zinsen, weil die Summen in diesem Fall gegen Sie arbeiten. Wenn Sie z. B. einen Kredit über 400 € für 30 Tage aufnehmen, zu einem Zinssatz von 0,78 % pro Tag, müssten Sie 487,36 € zurückzahlen: das sind die ursprünglichen 400 € plus 87,36 € Zinsen. Die zunächst attraktiv aussehenden 0,78 % werden pro Tag berechnet, womit der Ursprungswert jeden Tag ansteigt. Der effektive Zinssatz für das ganze Jahr beträgt 284 %. Was, wenn Sie sich eine Woche lang 50 € von einem Freund leihen und sagen, sie kaufen ihm dafür einen Kaffee? Ist das ein guter Deal? So umgehen Sie zumindest den Kredit. Aber wenn ein Kaffee 2 € kostet, entspricht das einem Zinssatz von 4 % pro Woche – oder 208 % pro Jahr. Wenn Sie für eine Woche 50 € von der Bank leihen, bei einem Zinssatz von 10 % (pro Jahr, nicht pro Woche oder pro Tag), würde Sie das nur 10 Cent Zinsen kosten.

Vorsicht – Pferde

Während der 1890er-Jahre litten alle größeren westlichen Städte unter einer wachsenden Last von Pferdemist und Urin. London hatte 50 000 Pferde, die öffentliche Transportmittel zogen, und noch mehr Pferde, die Nutzfahrzeuge zogen. New York hatte 100 000 Pferde. Die Anzahl der Pferde nahm von Jahr zu Jahr zu. Ein Pferd produziert täglich etwa 7–15 kg Mist und etwa einen Liter Urin. In New York sagte ein Kommentator, dass 1930 eine Schicht Pferdemist die Höhe der Fenster im dritten Stock in Manhatten erreichen würde. Die schreckliche Situation wurde 1898 bei der ersten internationalen Städtebaukonferenz der Welt diskutiert. Die Delegierten besprachen das Problem drei Tage lang, bevor sie aufgaben, da keine Lösung gefunden werden konnte. Doch 1917 fuhr New Yorks letzte Pferdekutsche, womit sich das Problem erübrigte. Zahlen haben doch nicht immer die Oberhand.

„In 50 Jahren wird jede Straße in London unter drei Metern Pferdemist begraben sein."

The Times, 1894

Kapitel 26

Wie viel haben Sie getrunken?

Eines der wichtigsten Werkzeuge in der Mathematik wurde von einem Deutschen entwickelt, der sich Sorgen darüber machte, wie viel er getrunken hatte.

Im Jahr 1613 wollte der deutsche Astronom und Mathematiker Johannes Kepler seine zweite Frau heiraten. Er bestellte ein Fass Wein für die Feier. Als schlauer Mathematiker fragte er den Weinhändler, mit welcher Methode er das Volumen des Weinfasses messe und den Preis festlege.

Das Fass ausmessen

Der Händler steckte einen Stock in ein Loch im Weinfass, das auf der Seite lag, und maß die Länge des Stocks, der hineinpassen würde. Dies ergab den Durchmesser des Fasses – allerdings an der breitesten Stelle. Das aus der Querschnittsfläche berechnete Volumen, multipliziert mit der Höhe des Fasses, ergibt eine Überschätzung des tatsächlichen Volumens, weil das Fass an den Enden enger ist. Da Kepler es nicht mochte, betrogen zu werden und weder für Wein zahlen wollte, den er nicht hatte, noch Wein besitzen wollte, für den er nicht bezahlt hatte, suchte er nach einer besseren Methode, um das Volumen eines Fasses zu messen.

> 
>
> ### Alkohol und Mathematik
>
> **Astronom-Mathematiker haben keinen guten Ruf bezüglich Alkohol. Der dänische Astronom Tycho Brahe hatte einen Elch als Haustier, der ein Fass Bier trank, die Treppe hinunterfiel und starb …**

Infinitesimal-Scheiben

Die Methode, die Kepler entwickelt hat, nennt man „Infinitesimalrechnung“. Er stellte sich das Fass als sehr dünne, aufeinandergestapelte Scheiben vor.

Jede Scheibe ist ein Zylinder, aber mit einer sehr geringen Höhe. Die zylinderförmigen Scheiben haben unterschiedliche Querschnittsflächen, wobei die aus der Mitte des Fasses größer sind als die außen liegenden. Natürlich hat jeder Zylinder noch schräge Seiten und an den ausgebeulten Stellen sind die Flächen geringfügig größer als die gegenüberliegenden Stellen. Aber sind die Scheiben dünn genug, wird der Unterschied zwischen den beiden so klein, dass er vernachlässigt werden kann.

> ### Mathesprache
>
> **Eine „Funktion“ ist eine Operation, die Input in Form von Zahlen vornimmt und Output (Ergebnis) erzeugt. Eine Funktion wird als f() angezeigt mit den Anweisungen für die Operation in den Klammern. Also bedeutet die Funktion $f(x^2)$: „Nehmen Sie die Zahl x und quadrieren Sie sie“, und die Funktion f(2x) bedeutet: „Verdoppeln Sie die Zahl x.“**

Auf und ab

Keplers Methode wurde bald durch die Differenzialrechnung abgelöst, die sowohl von Isaac Newton als auch vom deutschen Philosophen Gottfried Leibniz im 17. Jahrhundert abgeleitet

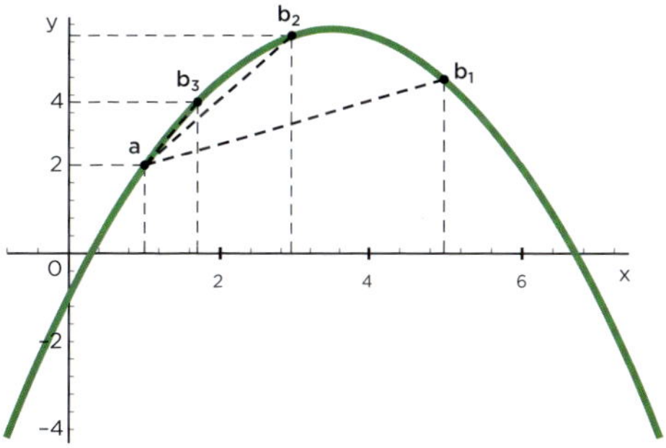

wurde. Newton und Leibniz waren (unabhängig voneinander) weniger am Wein interessiert als an der Steigung einer Linie oder Kurve. Sie gingen von Infinitesimalen aus: Es ist klar, dass sich die Steigung einer Kurve ständig ändert und dass man die Steigung eines winzigen Teils der Kurve berechnen kann, um eine lokale Steigung anzuzeigen. Im Diagramm oben nähert sich die ab-Linie immer mehr an die Steigung der Kurve bei a an.

Nehmen wir eine einfache Funktion, f(2x). Der Graph dieser Funktion wird eine gerade Linie sein, damit ist die Steigung auf der gesamten Linie gleich. Tatsächlich ist die Steigung 2 : 1 oder 2, da der Wert auf der y-Achse (vertikal) um 2 Einheiten für jede Zunahme von 1 Einheit auf der x-Achse (horizontal) ansteigt – somit ergibt sich y = 2x.

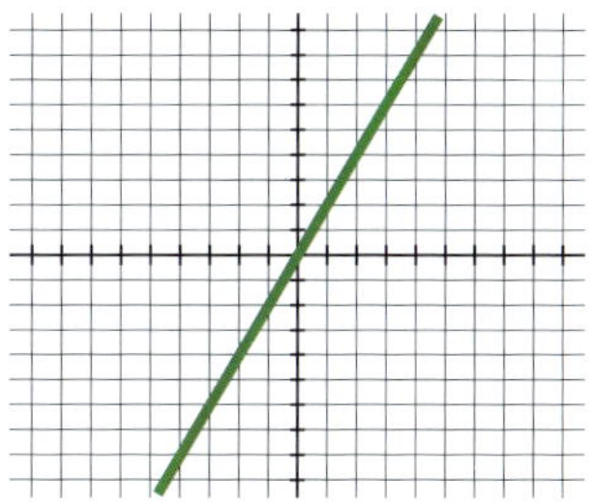

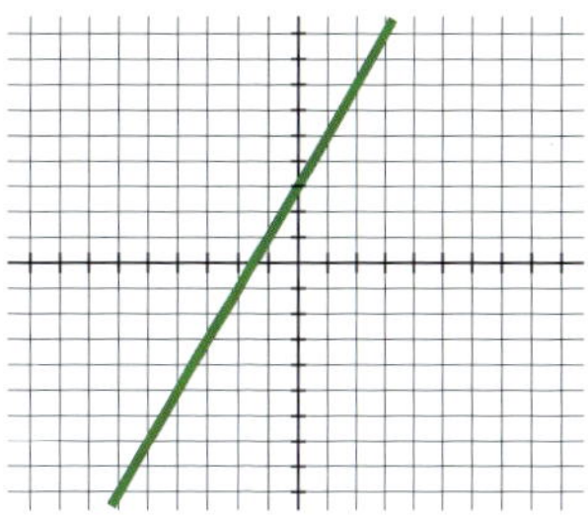

Das Ändern der Funktion durch Hinzufügen einer Konstanten ändert nicht die Steigung: Der Graph für die Funktion f(2x + 3) ist der gleiche, die Linie befindet sich nur an einem anderen Punkt auf den Achsen, denn jetzt ist y = 2x + 3, also ist es an jedem Punkt höher in der y-Achse (um 3 Einheiten).

Natürlich kann die Konstante bei der Berechnung der Steigung ignoriert werden. Wenn wir nun ein Diagramm der Funktion $f(x^2)$ zeichnen, ist das Diagramm eine Parabel. Diese hat eine wechselnde Steigung. Tatsächlich ist die Steigung an jedem Punkt dieses Graphen 2x – wie Newton und Leibniz herausgefunden haben.

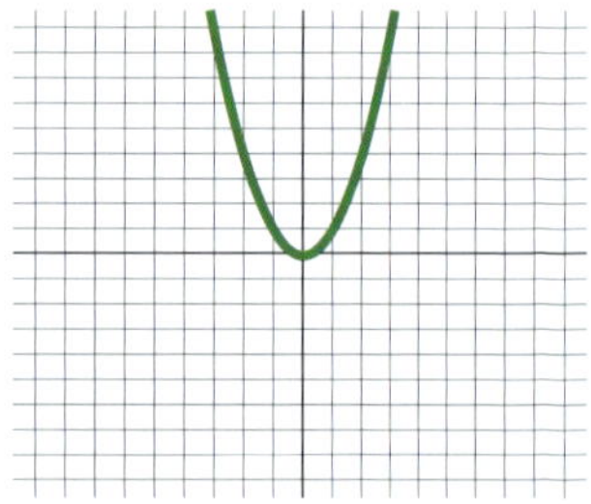

Rutschige Hänge

Newton und Leibniz entdeckten, was man tun muss, um die Steigung des Graphen von f(x) zu finden: (a) jede Instanz von x mit ihrem eigenen Exponenten (Potenz) multiplizieren und (b) den ursprünglichen Exponenten jeweils um 1 reduzieren. Dies ist mit einem Beispiel einfacher zu verstehen. In der Funktion

$$\mathbf{x^3 - x^2 + 4x - 9}$$

ist der Exponent von x^3 3 und der Exponent von x^2 ist 2.

x^3 wird $3x^2$ (weil wir mit 3 multiplizieren und den Exponenten um 1 reduzieren und 3 – 1 = 2 ist)

x^2 wird zu 2x (weil wir mit 2 multiplizieren und den Exponenten auf 2 – 1 = 1 ändern)

4x wird 4 (weil wir mit 1 multiplizieren und den Exponenten zu 1 – 1 = 0 ändern), sodass x in allen Fällen nur den Wert „1" hat.

1 verschwindet: Konstanten (Zahlen, die für sich stehen, ohne „x") verschwinden immer, da sie keinen x-Exponenten haben. Eine allgemeine Aussage dazu ist: xn wird nx^{n-1}

Nach all dem wird aus $x^3 - x^2 + 4x - 9$ die Funktion

$$\mathbf{3x^2 - 2x + 4}$$

Dies ist ein starkes Ergebnis. Wenn wir die Steigung an dem Punkt x = 3 wissen wollten, könnten wir sie herausarbeiten, indem wir in der differenzierten Funktion 3 für x einsetzen:

$$f(x^2)$$
$$f'(x^2) = 2x$$

Für x = 3 beträgt die Steigung 2 x 3 = 6

Mathesprache

Newton nannte dies die „Methode der Fluxionen"; wir nennen es Differenzierung. Das Produkt der Differenzierung wird die differenzierte Funktion oder die Ableitung genannt. Eine Funktion von x wird als f(x) geschrieben, und die differenzierte Funktion wird mit f'(x) dargestellt.

Ein einzelner Punkt kann natürlich keine Steigung haben. Die berechnete Steigung ist die einer Tangente der Kurve an diesem Punkt:

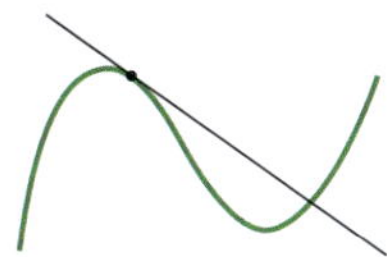

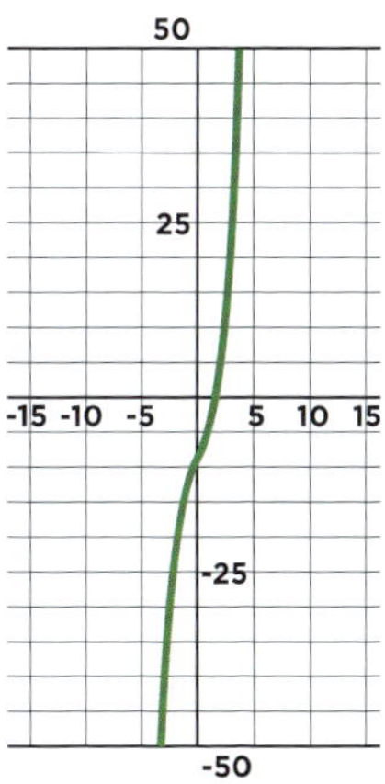

Die Methode ist die gleiche, auch mit einer komplizierten Funktion.

$$f(x^3 - x^2 + 4x - 9)$$
$$f'(x^3 - x^2 + 4x - 9) = 3x^2 - 2x + 4$$

Am Punkt x = 2 ist die Steigung $(3 \times 2^2) - (2 \times 2) + 4 = 12$

Die Kenntnis der Steigung eines Graphen kann uns nützliche Informationen liefern. In einem Weg-Zeit-Diagramm für die Bewegung eines Körpers beispielsweise gibt die Steigung die Geschwindigkeit an, mit der sich das Objekt bewegt. Jede Funktion, die als Verhältnis oder Divisionssumme ausgedrückt werden kann, kann mit der Steigung eines Graphen in Verbindung stehen. Wenn wir Preise gegen die Zeit grafisch darstellen, zeigt die Steigung die Rate des Anstiegs oder des Sinkens der Preise (Inflation) an.

> ***„[Infinitesimalrechnung] ist die Sprache Gottes."***
> Richard Feynman, amerikanischer Physiker (1918–1988)

Alles unterhalb der Kurve

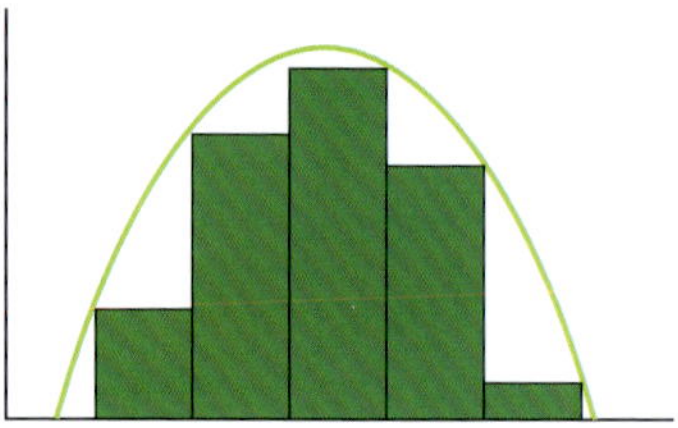

Während die Differenzierung eine Möglichkeit bietet, die Steigung einer Kurve zu messen, bietet die Integration eine Möglichkeit, die Fläche unter einer Kurve zu berechnen. Stellen Sie sich dieses Mal den Bereich unter der Linie als in unzählige winzige Säulen unterteilt vor. Indem wir die Fläche aller Rechtecke addieren, können wir die ungefähre Gesamtfläche berechnen.

Je schmaler die Rechtecke sind, desto besser wird die Schätzung der Fläche:

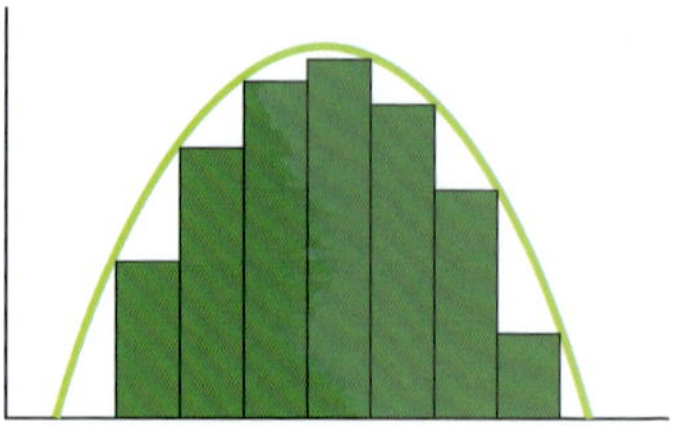

Wenn wir die Scheiben unendlich dünn machen könnten, könnten wir den exakten Bereich berechnen. Genau darum geht es bei der Integration.

Integration ist das Gegenteil von Differenzierung. Wenn wir

das Produkt der Differenzierung nehmen und es integrieren, erhalten wir die ursprüngliche Funktion (mit einem kleinen Unterschied).

Differenzieren wir $\mathbf{x^3 - x^2 + 4x - 9}$

erhalten wir $\mathbf{3x^2 - 2x + 4}$

Integrieren wir $\mathbf{3x^2 - 2x + 4}$

erhalten wir $\mathbf{x^3 + x^2 - 4x + c}$, wobei c eine unbekannte Konstante ist.

Die arme –9 ist dem Prozess zum Opfer gefallen. Wir können nicht sagen, was die Konstante in der ursprünglichen Funktion war, sobald sie einmal differenziert wurde. Integration hebt die Differenzierung auf. Sie können sich das als Anti-Differenzierung vorstellen. Das Differenzieren von x^n ergibt nx^{n-1}, sodass das Integrieren von nx^{n-1} dann x^n ergibt. Wenn wir x^n integrieren wollen, kehren wir den Differenzierungsprozess um: Wir müssen durch den Exponenten dividieren und den Exponenten um 1 erhöhen:

$\frac{1}{n} x^{n+1}$ (weil wir nx^{n-1} annullieren). Dies bedeutet, das Integral von x ist $\frac{1}{2}x^2$ und das Integral von x^2 ist $\frac{1}{3}x^3$. Die Integration wird durch ein langes „s", das Integralzeichen, angezeigt: $\int$

Die Aussage „finde das Integral von $3x^2 - 2x + 4$" wird so dargestellt:

$$\int \mathbf{3x^2 - 2x + 4\, dx}$$

Das „dx" am Ende zeigt, dass an den „X-Werten" gearbeitet wird. Wenn die Funktion den Buchstaben t anstelle von x verwendet, würde sie mit „dt" enden.

$$\int \mathbf{3t^2 - 2t + 4\, dt}$$

Integriert sieht das Ganze so aus: $\int \mathbf{3x^2 - 2x + 4\, dx}$

So erhalten wir: $\mathbf{x^3 - x^2 + 4x + c}$
(Nicht die Konstante vergessen!)

Viele Graphen können weiterlaufen, sodass sie eine unendliche Fläche unter sich haben. Wir können den darunter liegenden Bereich nicht berechnen, es sei denn, wir spezifizieren, für welches Stück des Graphen wir uns interessieren. Um dies zu tun, schneiden wir bei zwei verschiedenen Werten von x (oder der Variablen, die wir verwenden) ab.

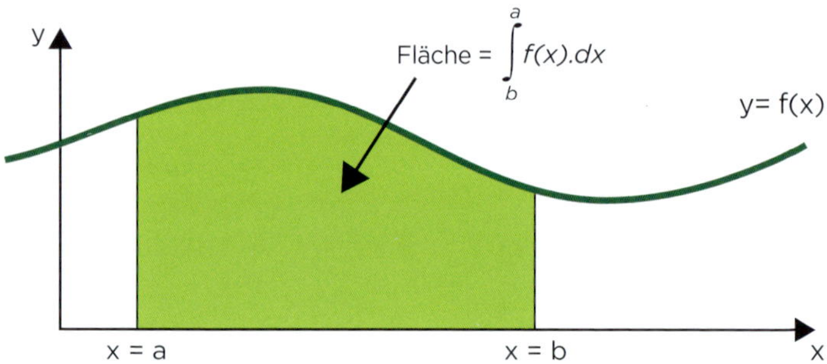

Um zu zeigen, welches Stück wir verwenden, setzen wir die oberen und unteren Grenzen (die Cut-off-Punkte) am oberen und unteren Rand des Integrationssymbols:

$$\int_2^5 \mathbf{2\,x\,dx}$$

Dies bedeutet: „Finden Sie die Fläche für die Kurve zwischen x = 2 und x = 5."

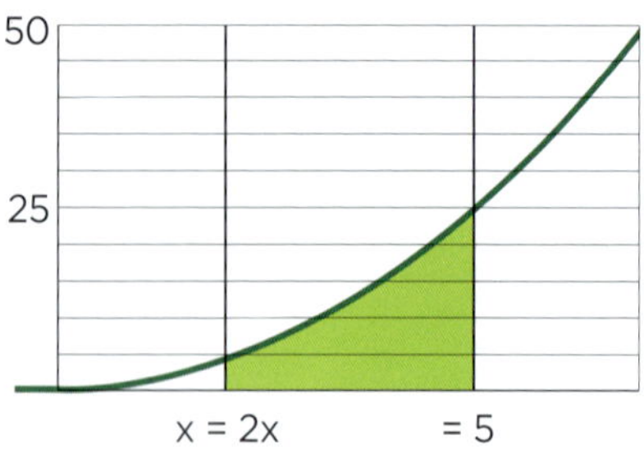

Um das auszuarbeiten, nehmen wir das Ergebnis (genannt „Integrand“):

$$\int 2x\,dx = x^2 + c$$

Arbeiten Sie es für $x = 5$ aus, dann $x = 2$, dann subtrahieren Sie den einen Wert vom anderen (das „c“ hebt sich auf):

für $x = 5$, $x^2 + c = 25 + c$
für $x = 2$, $x^2 + c = 4 + c$

Somit ist die Fläche unterhalb des ausgewählten Stücks des Graphen:

$$(25 + c) - (4 + c) = 19$$

Der Weg aus einem Loch

Erinnern Sie sich an das Paradoxon von Achilles und der Schildkröte? Die Schwierigkeit besteht darin, Zeit und Entfernung in immer kleinere – infinitesimale – Teile zu spalten. Aber genau das ist es, was Differenzial- und Integralrechnung tun. Die Lösung für das Problem dieses Missverhältnisses zwischen der realen Welt, in der Bereiche, Linien, Volumen und Zeit kontinuierlich sind und nicht eine Sammlung von diskreten Infinitesimalen, kam im 19. Jahrhundert auf.

Im Jahr 1821 hat der französische Mathematiker Augustin-Louis Cauchy (Bild siehe S. 191) die Art und Weise, wie die Infinitesimalrechnung dargestellt wurde, so umformuliert, dass sie ausschließlich theoretisch wurde. Anstatt sich mit der Frage abzumühen, wie man die unsichtbare Lücke zwischen den Infinitesimalen überspringen kann, sagte er, dass es nicht notwendig sei – Mathematik sei ein Gesetz für sich selbst und müsse die Realität nicht nachahmen oder in Beziehung setzen. Vielleicht wäre es gerechter zu sagen, dass die Realität keine Mathematik nachahmen muss, da die Realität, die wir kennen, voller Kontinuitäten ist, welche die Mathematik nicht zufriedenstellend nachstellen kann. Das ist das Problem der Mathematik, nicht das der Realität.

Schließlich darf Achilles nach 2300 Jahren die Schildkröte doch noch überholen.